BestMasters

Mit „BestMasters“ zeichnet Springer die besten Masterarbeiten aus, die an renommierten Hochschulen in Deutschland, Österreich und der Schweiz entstanden sind. Die mit Höchstnote ausgezeichneten Arbeiten wurden durch Gutachter zur Veröffentlichung empfohlen und behandeln aktuelle Themen aus unterschiedlichen Fachgebieten der Naturwissenschaften, Psychologie, Technik und Wirtschaftswissenschaften.
Die Reihe wendet sich an Praktiker und Wissenschaftler gleichermaßen und soll insbesondere auch Nachwuchswissenschaftlern Orientierung geben.

Andreas Völz

Modellprädiktive Regelung nichtlinearer Systeme mit Unsicherheiten

Andreas Völz
Ulm, Deutschland

BestMasters
ISBN 978-3-658-16278-8 ISBN 978-3-658-16279-5 (eBook)
DOI 10.1007/978-3-658-16279-5

Die Deutsche Nationalbibliothek verzeichnet diese Publikation in der Deutschen Nationalbibliografie; detaillierte bibliografische Daten sind im Internet über http://dnb.d-nb.de abrufbar.

Springer Vieweg

Gedruckt auf säurefreiem und chlorfrei gebleichtem Papier

Springer Vieweg ist Teil von Springer Nature
Die eingetragene Gesellschaft ist Springer Fachmedien Wiesbaden GmbH
Die Anschrift der Gesellschaft ist: Abraham-Lincoln-Str. 46, 65189 Wiesbaden, Germany

Inhaltsverzeichnis

Abbildungsverzeichnis

Tabellenverzeichnis

1 Einleitung

Unsicherheiten sind in der Regelungstechnik praktisch immer vorhanden. Allerdings werden sie nur selten im Entwurf des Reglers direkt berücksichtigt. Ein anschauliches Beispiel ist ein Roboter, der sich in einer fremden Umgebung bewegt. Dabei kann sowohl die eigene Position als auch die Position von Hindernissen unsicher bzw. nicht genau bekannt sein. Weitere Beispiele sind die Geschwindigkeitsregelung eines Fahrzeugs bei wechselnden Fahrbahnverhältnissen oder die Lageregelung eines Flugzeugs unter Turbulenzen.

Unabhängig vom konkreten Beispiel kann man die Unsicherheiten auf die ungenaue Kenntnis des Systemverhaltens und des Systemzustands zurückführen. Die Zustände werden entweder mit geeigneten Sensoren gemessen oder mit Schätz- und Beobachterverfahren aus den bekannten Größen rekonstruiert. In beiden Fällen können die Zustände wegen Messrauschen und Schätzfehlern als unsicher betrachtet werden. Das Systemverhalten wird bei zeitkontinuierlichen Systemen mit Differenzialgleichungen modelliert. Die Realität ist jedoch so komplex, dass in der Modellierung nie alle Eigenschaften exakt beschrieben werden können. Deshalb werden nur die dominanten Prozesse in Gleichungen abgebildet und vermeintlich nachrangige Effekte, wie beispielsweise der Einfluss der Reibung, vernachlässigt. Dazu kommen unbekannte Störungen, die praktisch nur mit Zufallsvariablen modelliert werden können. Wenn das Modell aufgestellt ist, müssen in der Regel noch Parameter, wie Massen und Trägheitsmomente bei mechanischen Systemen, bestimmt werden. Da diese Werte entweder gemessen oder aus bekannten Größen geschätzt werden, entstehen weitere Mess- und Schätzfehler.

Insbesondere für lineare Systeme gibt es bereits verschiedene Verfahren, die diese Unsicherheiten mitberücksichtigen. Dazu gehören die H_∞-Regelung und die linear-quadratische Regelung mit Gaußschem Rauschen (LQGR). Im Sonderfall eines linearen Systems mit additivem normalverteiltem Rauschen, keinen Beschränkungen und quadratischer Kostenfunktion gilt, dass die optimale Lösung des LQGR-Problems der optimalen Lösung des LQR-Problems ohne Rauschen entspricht [Wei09, S. 21]. Wenn das System nichtlinear ist oder die Größen beschränkt sind, dann gilt diese Eigenschaft im Allgemeinen aber nicht.

Für nichtlineare Mehrgrößensysteme ist die modellprädiktive Regelung ein geeignetes Entwurfsverfahren, das ursprünglich für den deterministischen Fall entwickelt wurde. Ihre Stärke liegt darin, dass Beschränkungen der Stellgrößen und der Zustände direkt berücksichtigt werden können. Bei vielen anderen Entwurfsverfahren müssen die Beschränkungen nachträglich überprüft werden und bei Bedarf der Regler neu ausgelegt werden. Außerdem liegt der modellprädiktiven Regelung die Optimierung eines Kostenfunktionals zugrunde. Dadurch ist eine sehr anschauliche Reglerauslegung möglich. In der Literatur existieren bereits erste Ansätze, die die modellprädiktive Regelung auf Systeme mit Unsicherheiten erweitern. Die Verfahren sind aber sehr aufwändig und können daher bisher nur für kleine Systeme angewendet werden.

Ziel der Arbeit war es, einen Überblick über bestehende Ansätze auf dem Gebiet der modellprädiktiven Regelung mit Unsicherheiten zu gewinnen. Außerdem wurde ein neuer Ansatz auf Basis der Unscented-Transformation erarbeitet und in Simulationen hinsichtlich Regelgüte und Rechenaufwand untersucht. Da der Rechenaufwand der kritische Faktor für die Einsetzbarkeit eines stochastischen Verfahrens ist, wurde der Ansatz so entwickelt, dass das zugrundeliegende Optimierungsproblem mit einem suboptimalen Gradientenverfahren gelöst werden kann. Damit kann der Ansatz in die echtzeitfähige MPC-Software `GRAMPC` [KG14] integriert werden.

2 Modellprädiktive Regelung

Die modellprädiktive Regelung[1] (MPC) ist ein modernes Regelungsverfahren, das auf der Lösung dynamischer Optimierungsprobleme basiert. In diesem Kapitel werden die für das Verständnis von MPC nötigen Grundlagen der Optimierung und das Prinzip der numerischen Lösung erläutert. Die Erweiterung auf stochastische Unsicherheiten erfolgt im nächsten Kapitel.

2.1 Dynamische Optimierung auf bewegtem Horizont

Eine typische Aufgabenstellung in der Regelungstechnik ist das Anfahren sowie das Stabilisieren von Arbeitspunkten. Man unterscheidet dabei zwischen Steuerung[2] einerseits und Regelung[3] andererseits. Bei der Steuerung findet keine Rückkopplung der Zustände statt. Das bedeutet, dass die Stellgröße nicht an das tatsächliche Systemverhalten angepasst wird. Wenn das Systemmodell ungenau ist oder Störungen auf das System wirken, wird der Sollzustand nicht erreicht. Wesentliches Merkmal der Regelung ist die Rückkopplung im geschlossenen Regelkreis. Durch die Rückführung der Zustände kann die Abweichung vom Sollzustand berechnet und die Stellgröße aktualisiert werden. Damit ist es möglich, Modellfehler und Störungen auszugleichen, so dass der Sollzustand exakt erreicht wird.

Als Systemmodell wird im Folgenden ein allgemeines nichtlineares System in Zustandsraumdarstellung betrachtet. Das Systemverhalten wird hier durch n Differentialgleichungen erster Ordnung

$$\dot{\boldsymbol{x}}(t) = \boldsymbol{f}(\boldsymbol{x}(t), \boldsymbol{u}(t)) \tag{2.1}$$

beschrieben. Dabei bezeichnet $\boldsymbol{x} \in \mathbb{R}^n$ den Vektor der Systemzustände und $\boldsymbol{u} \in \mathbb{R}^m$ die Eingänge oder Stellgrößen des Systems. In der Praxis unterliegen die Eingänge fast immer Stellgrößenbeschränkungen

$$\boldsymbol{u}(t) \in U\,, \quad t \geq 0\,, \tag{2.2}$$

wobei die zulässige Menge meist durch Minimal- und Maximalwerte

$$U = [\boldsymbol{u}_{\min}, \boldsymbol{u}_{\max}] \tag{2.3}$$

[1] Englisch „model predictive control“

[2] Englisch „feedforward control“ oder „open-loop control“

[3] Englisch „feedback control“ oder „closed-loop control“

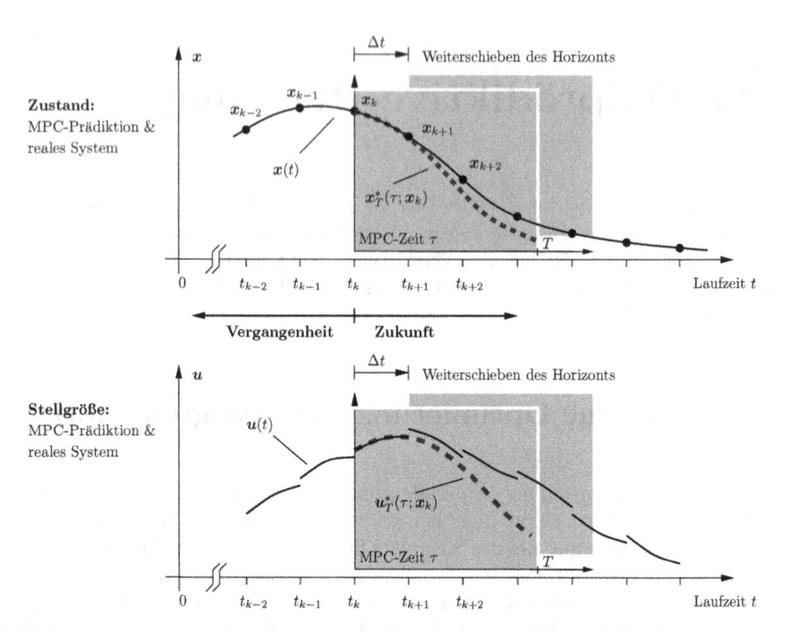

Abbildung 2.1: Prinzip der modellprädiktiven Regelung [Gra13, S. 141].

gegeben ist. Als Ziel der Regelung wird im Folgenden die Stabilisierung des Systems (2.1)

$$\mathbf{0} = \boldsymbol{f}(\boldsymbol{x}_R, \boldsymbol{u}_R) \tag{2.4}$$

in einer Ruhelage $(\boldsymbol{x}_R, \boldsymbol{u}_R)$ betrachtet.

Die modellprädiktive Regelung erreicht dieses Ziel (2.4), indem in jedem diskreten Zeitschritt $t_k = k\,\Delta t$ mit der Abtastzeit Δt ein dynamisches Optimierungsproblem

$$\min_{\bar{\boldsymbol{u}}(\cdot)} \quad J_T(\boldsymbol{x}_k, \bar{\boldsymbol{u}}) = V(\bar{\boldsymbol{x}}(T)) + \int_0^T l(\bar{\boldsymbol{x}}(\tau), \bar{\boldsymbol{u}}(\tau))\,\mathrm{d}\tau \tag{2.5a}$$

$$\text{u.B.v.} \quad \dot{\bar{\boldsymbol{x}}}(\tau) = \boldsymbol{f}(\bar{\boldsymbol{x}}(\tau), \bar{\boldsymbol{u}}(\tau)), \quad \bar{\boldsymbol{x}}(0) = \boldsymbol{x}_k = \boldsymbol{x}(t_k) \tag{2.5b}$$

$$\bar{\boldsymbol{u}}(\tau) \in U, \quad \tau \in [0, T] \tag{2.5c}$$

gelöst wird. Ausgehend vom Zustand $\boldsymbol{x}_k$ wird das Systemverhalten über den Zeithorizont T prädiziert und die optimale Steuerung $\bar{\boldsymbol{u}}^*(\tau)$ gesucht, die das Kostenfunktional J_T minimiert und die Stellgrößenbeschränkungen einhält. Die Schreibweise $\bar{\boldsymbol{x}}, \bar{\boldsymbol{u}}$ dient dazu, die MPC-internen Größen vom realen System (2.1) zu unterscheiden.

Für die Dauer der Abtastzeit Δt wird der Anfang der optimalen Steuertrajektorie $\bar{\boldsymbol{u}}^*$ als Stellgröße

$$\boldsymbol{u}(t_k + \tau) = \bar{\boldsymbol{u}}^*(\tau; \boldsymbol{x}_k), \quad \tau \in [0, \Delta t) \tag{2.6}$$

verwendet. Im nächsten Zeitschritt $t_{k+1} = t_k + \Delta t$ wird das Optimierungsproblem (2.5) mit dem neuen Anfangszustand $\boldsymbol{x}_{k+1}$ erneut gelöst. Dieses Prinzip wird in Abbildung 2.1 für einen Zustand und eine Stellgröße veranschaulicht.

Das Kostenfunktional J_T bestimmt die Eigenschaften der optimalen Lösung. Ein falsch gewähltes Kostenfunktional kann im Extremfall dazu führen, dass das Problem nicht lösbar ist. Eine häufige Wahl ist die quadratische Bestrafung der Zustände und der Stellgrößem im Integralterm $l(\bar{\boldsymbol{x}}, \bar{\boldsymbol{u}})$ und im Endkostenterm $V(\bar{\boldsymbol{x}})$, d. h.

$$J_T(\boldsymbol{x}_k, \bar{\boldsymbol{u}}) = \Delta\bar{\boldsymbol{x}}(T)^{\mathrm{T}} \boldsymbol{P}_{\text{cost}} \Delta\bar{\boldsymbol{x}}(T) + \int_0^T \Delta\bar{\boldsymbol{x}}(\tau)^{\mathrm{T}} \boldsymbol{Q}_{\text{cost}} \Delta\bar{\boldsymbol{x}}(\tau) + \Delta\bar{\boldsymbol{u}}(\tau)^{\mathrm{T}} \boldsymbol{R}_{\text{cost}} \Delta\bar{\boldsymbol{u}}(\tau) \, \mathrm{d}\tau \,, \tag{2.7}$$

wobei die Gewichtung über die symmetrischen Matrizen $\boldsymbol{P}_{\text{cost}} \in \mathbb{R}^{n \times n}$, $\boldsymbol{Q}_{\text{cost}} \in \mathbb{R}^{n \times n}$ und $\boldsymbol{R}_{\text{cost}} \in \mathbb{R}^{m \times m}$ eingestellt wird. Mit $\Delta\bar{\boldsymbol{x}} = \bar{\boldsymbol{x}} - \boldsymbol{x}_R$ und $\Delta\bar{\boldsymbol{u}} = \bar{\boldsymbol{u}} - \boldsymbol{u}_R$ werden die Abweichungen der Zustände und der Stellgrößen vom gewünschten Ziel (2.4) bezeichnet. Diese Form des Kostenfunktionals wird auch beim Entwurf linear-quadratischer Regler für lineare Systeme verwendet. Eine hohe Gewichtung der Stellgrößen kann im Sinne einer Energieoptimalität interpretiert werden. Soll dagegen der Sollzustand schnell erreicht werden, dann müssen die Zustände hoch gewichtet werden.

Das Optimierungsproblem für MPC kann auch anders als in (2.5) formuliert werden. Der Hauptunterschied liegt darin, welche Annahmen nötig sind, um Stabilität im geschlossenen Kreis beweisen zu können [MRRS00]. Eine für die Praxis wichtige Alternative ist die zeitdiskrete Formulierung mit N Prädiktionsschritten. Das Optimierungsproblem lautet dann

$$\min_{\hat{\boldsymbol{u}}} \quad J_N(\boldsymbol{x}_k, \bar{\boldsymbol{u}}) = V(\bar{\boldsymbol{x}}_{N-1}) + \sum_{j=0}^{N-1} l(\bar{\boldsymbol{x}}_j, \bar{\boldsymbol{u}}_j) \tag{2.8a}$$

$$\text{u.B.v.} \quad \bar{\boldsymbol{x}}_{j+1} = \boldsymbol{f}_d(\bar{\boldsymbol{x}}_j, \bar{\boldsymbol{u}}_j) \,, \quad \bar{\boldsymbol{x}}_0 = \boldsymbol{x}_k = \boldsymbol{x}(t_k) \tag{2.8b}$$

$$\bar{\boldsymbol{u}}_j \in U \,, \quad j = 0, \ldots, N-1 \tag{2.8c}$$

mit dem zeitdiskreten Systemmodell $\boldsymbol{f}_d$ und der stückweise konstanten Stellgröße $\hat{\boldsymbol{u}}^{\mathrm{T}} = [\bar{\boldsymbol{u}}_0^{\mathrm{T}}, \ldots, \bar{\boldsymbol{u}}_{N-1}^{\mathrm{T}}]$. Allerdings ist die Dynamik der meisten physikalischen Systeme durch Differentialgleichungen gegeben und die Herleitung eines zeitdiskreten Systemmodells oft nur näherungsweise möglich, beispielsweise mit einem Euler-Verfahren. Aus diesem Grund liegt der Schwerpunkt dieser Arbeit auf der Betrachtung zeitkontinuierlicher Systeme.

2.2 Optimalitätsbedingungen

Die notwendigen Optimalitätsbedingungen für das Optimierungsproblem (2.5) können kompakt mit der Hamilton-Funktion

$$H(\bar{\boldsymbol{x}}(\tau), \bar{\boldsymbol{u}}(\tau), \boldsymbol{\lambda}(\tau)) = l(\bar{\boldsymbol{x}}(\tau), \bar{\boldsymbol{u}}(\tau)) + \boldsymbol{\lambda}(\tau)^{\mathrm{T}} \boldsymbol{f}(\bar{\boldsymbol{x}}(\tau), \bar{\boldsymbol{u}}(\tau)) \tag{2.9}$$

geschrieben werden. Die Hamilton-Funktion besteht aus dem Integralkostenterm $l(\bar{\boldsymbol{x}}, \bar{\boldsymbol{u}})$, dem Systemmodell $\boldsymbol{f}(\bar{\boldsymbol{x}}, \bar{\boldsymbol{u}})$ und den zeitabhängigen Lagrange-Multiplikatoren $\boldsymbol{\lambda}(\tau) \in \mathbb{R}^n$. Aus den Ableitungen nach $\boldsymbol{\lambda}$ und nach $\bar{\boldsymbol{x}}$ ergeben sich die kanonischen Gleichungen für die optimalen Zustände[4]

$$\dot{\bar{\boldsymbol{x}}}^*(\tau) = \frac{\partial H}{\partial \boldsymbol{\lambda}} = \boldsymbol{f}(\bar{\boldsymbol{x}}^*(\tau), \bar{\boldsymbol{u}}^*(\tau)) \tag{2.10a}$$

$$\dot{\boldsymbol{\lambda}}^*(\tau) = -\frac{\partial H}{\partial \bar{\boldsymbol{x}}} = -H_{\bar{\boldsymbol{x}}}(\bar{\boldsymbol{x}}^*(\tau), \bar{\boldsymbol{u}}^*(\tau), \boldsymbol{\lambda}^*(\tau)) \tag{2.10b}$$

mit $H_{\bar{\boldsymbol{x}}} = \frac{\partial l}{\partial \bar{\boldsymbol{x}}} + \left(\frac{\partial \boldsymbol{f}}{\partial \bar{\boldsymbol{x}}}\right)^{\mathrm{T}} \boldsymbol{\lambda}$. Die Differentialgleichung (2.10b) stellt das adjungierte System mit dem adjungierten Zustand $\boldsymbol{\lambda}$ dar. Weiter muss die optimale Lösung die Randbedingung

$$\bar{\boldsymbol{x}}^*(0) = \boldsymbol{x}_k \tag{2.11}$$

und die Transversalitätsbedingung

$$\boldsymbol{\lambda}^*(T) = \left.\frac{\mathrm{d}V(\bar{\boldsymbol{x}}(\tau))}{\mathrm{d}\bar{\boldsymbol{x}}}\right|_{\tau=T} \tag{2.12}$$

mit dem Endkostenterm $V(\bar{\boldsymbol{x}}(\tau))$ erfüllen. Aus Pontryagin's Maximumprinzip folgt, dass die Hamilton-Funktion (2.9) für die optimale Stellgröße $\bar{\boldsymbol{u}}^*$ ein absolutes Minimum annehmen muss, d. h.

$$H(\bar{\boldsymbol{x}}^*(\tau), \bar{\boldsymbol{u}}^*(\tau), \boldsymbol{\lambda}^*(\tau)) = \min_{\bar{\boldsymbol{u}} \in U} H(\bar{\boldsymbol{x}}^*(\tau), \bar{\boldsymbol{u}}(\tau), \boldsymbol{\lambda}^*(\tau)), \quad \tau \in [0, T] \tag{2.13}$$

muss gelten. Für den Fall ohne Stellgrößenbeschränkungen vereinfacht sich die letzte Bedingung zur Stationaritätsbedingung

$$\boldsymbol{0} = \frac{\partial H}{\partial \bar{\boldsymbol{u}}} = H_{\bar{\boldsymbol{u}}}(\bar{\boldsymbol{x}}^*(\tau), \bar{\boldsymbol{u}}^*(\tau), \boldsymbol{\lambda}^*(\tau)) \tag{2.14}$$

mit $H_{\bar{\boldsymbol{u}}} = \frac{\partial l}{\partial \bar{\boldsymbol{u}}} + \left(\frac{\partial \boldsymbol{f}}{\partial \bar{\boldsymbol{u}}}\right)^{\mathrm{T}} \boldsymbol{\lambda}$. Die Optimalitätsbedingungen können verwendet werden, um eine optimale Lösung für das Optimierungsproblem (2.5) zu berechnen. Eine analytische Lösung ist nur in wenigen Fällen möglich, so dass in der Regel numerische Verfahren eingesetzt werden. Auf die Überprüfung weiterer hinreichender Bedingungen wird zumeist verzichtet und angenommen, dass eine (eindeutige) Lösung für das Problem existiert.

2.3 Berücksichtigung von Zustandsbeschränkungen

Neben den Beschränkungen der Stellgrößen (2.15) spielen in vielen praktischen Systemen auch Beschränkungen der Zustände eine große Rolle. Ein Beispiel ist das Umfahren von Hindernissen bei der Regelung eines mobilen Roboters. In allgemeiner Form können die Beschränkungen durch

$$\boldsymbol{h}(\bar{\boldsymbol{x}}(\tau)) \leq 0 \tag{2.15}$$

[4]Die partiellen Ableitungen $\frac{\partial H}{\partial \bar{\boldsymbol{x}}}$ bzw. $\frac{\partial H}{\partial \boldsymbol{\lambda}}$ werden der Einfachheit halber als Spaltenvektor definiert.

mit $\boldsymbol{h} : \mathbb{R}^n \mapsto \mathbb{R}^q$ ausgedrückt werden. Die Erweiterung des Optimierungsproblems (2.5) um die Beschränkungen führt allerdings zu komplexen Optimalitätsbedingungen mit Fallunterscheidungen zwischen beschränkten und unbeschränkten Bereichen [BH75] und erschwert damit die numerische Lösung. Eine Alternative ist die Verwendung von äußeren Straffunktionen in der Kostenfunktion. Für jede Beschränkung

$$h_i(\bar{\boldsymbol{x}}(\tau)) \leq 0\,, \quad i = 1, \ldots, q \tag{2.16}$$

wird dazu ein Strafterm

$$\psi(h_i(\bar{\boldsymbol{x}}(\tau))) = (\max\{0, h_i(\bar{\boldsymbol{x}}(\tau))\})^r\,, \quad r \geq 1 \tag{2.17}$$

eingeführt, der bei Verletzen der Beschränkung zu einer Bestrafung führt. Das Kostenfunktional wird um den Term

$$J_\varepsilon(\boldsymbol{x}_k, \bar{\boldsymbol{u}}) = \int_0^T l_\varepsilon(\bar{\boldsymbol{x}}(\tau))\,\mathrm{d}\tau = \int_0^T \sum_{i=1}^q \varepsilon_i \psi(h_i(\bar{\boldsymbol{x}}(\tau)))\,\mathrm{d}\tau \tag{2.18}$$

mit den Gewichten ε_i $(i = 1, \ldots, q)$ erweitert. Statt (2.5a) wird also

$$J_{T,\varepsilon}(\boldsymbol{x}_k, \bar{\boldsymbol{u}}) = J_T(\boldsymbol{x}_k, \bar{\boldsymbol{u}}) + J_\varepsilon(\boldsymbol{x}_k, \bar{\boldsymbol{u}}) \tag{2.19}$$

minimiert. Der Nachteil dieser Methode ist, dass die optimale Lösung die Beschränkungen durchaus noch leicht verletzen kann. Die Gewichte müssen deshalb ausreichend groß gewählt werden.

2.4 Numerische Lösung

Bei vielen dynamischen Optimierungsproblemen können die Optimalitätsbedingungen nicht analytisch gelöst werden und man ist auf numerische Lösungsverfahren angewiesen. Grundsätzlich wird zwischen direkten und indirekten Verfahren unterschieden. Indirekte Verfahren lösen die Optimalitätsbedingungen numerisch. In diese Klasse gehören das Diskretisierungs-, das Kollokations-, das Schieß- und das Gradientenverfahren. Direkte Verfahren diskretisieren dagegen die Stelltrajektorie $\bar{\boldsymbol{u}}(\tau)$ und reduzieren damit das Problem auf ein endlich-dimensionales, das mit den Mitteln der statischen Optimierung gelöst werden kann. Je nachdem ob die Kostenfunktion und die Dynamik ebenfalls diskretisiert werden, spricht man von Voll- oder Teildiskretisierung. Auf diesem Weg lassen sich auch die Zustandsbeschränkungen (2.15) direkt berücksichtigen.

Für die hier verwendete MPC-Formulierung (2.5) eignet sich insbesondere das Gradientenverfahren. Ausgehend von einer Startschätzung $\bar{\boldsymbol{u}}^{(0)}(\tau)$ werden in jedem Schritt j die Differentialgleichung des Systems (2.10a)

$$\dot{\bar{\boldsymbol{x}}}(\tau) = \boldsymbol{f}(\bar{\boldsymbol{x}}(\tau), \bar{\boldsymbol{u}}(\tau))\,, \quad \bar{\boldsymbol{x}}(0) = \boldsymbol{x}_k \tag{2.20}$$

Initialisierung:	
$j \leftarrow 0$	Iterationszähler
ϵ	Abbruchkriterium
$\bar{\boldsymbol{u}}^{(0)}(\tau)$	Startschätzung der Steuertrajektorie
$\bar{\boldsymbol{x}}^{(0)}(\tau)$	Integration von (2.20) in Vorwärtszeit
repeat	
$\boldsymbol{\lambda}^{(j)}(\tau)$	Integration von (2.21) in Rückwärtszeit
$\boldsymbol{g}^{(j)}(\tau) \leftarrow (2.22)$	Berechnung des Gradienten
$\alpha^{(j)} \leftarrow \arg\min_{\alpha>0} J(\bar{\boldsymbol{u}}^{(j)} - \alpha \boldsymbol{g}^{(j)})$	Liniensuche (approximativ)
$\bar{\boldsymbol{u}}^{(j+1)}(\tau) = \bar{\boldsymbol{u}}^{(j)}(\tau) - \alpha^{(j)} \boldsymbol{g}^{(j)}(\tau)$	neue Steuertrajektorie mit Schrittweite $\alpha^{(j)}$
$\bar{\boldsymbol{x}}^{(j+1)}(\tau)$	Integration von (2.20) in Vorwärtszeit
$j \leftarrow j+1$	
until $\left\|J(\bar{\boldsymbol{u}}^{(j+1)}) - J(\bar{\boldsymbol{u}}^{(j)})\right\| \le \epsilon$	Abbruchkriterium

Tabelle 2.1: Algorithmus des Gradientenverfahrens [Gra13, S. 155].

in Vorwärtszeit und die Differentialgleichung des adjungierten Systems (2.10b)

$$\dot{\boldsymbol{\lambda}}(\tau) = -H_{\bar{\boldsymbol{x}}}(\bar{\boldsymbol{x}}(\tau), \bar{\boldsymbol{u}}(\tau), \boldsymbol{\lambda}(\tau)), \quad \boldsymbol{\lambda}(T) = V_{\bar{\boldsymbol{x}}}(T) \tag{2.21}$$

in Rückwärtszeit integriert, um die Trajektorien $\bar{\boldsymbol{x}}^{(j)}(\tau)$ und $\boldsymbol{\lambda}^{(j)}(\tau)$ zu bestimmen. Diese Lösung erfüllt im Allgemeinen die Stationaritätsbedingung (2.14) bzw. die Bedingung (2.13) nicht, aber der negative Gradient

$$-\boldsymbol{g}^{(j)}(\tau) = -\boldsymbol{H}_{\bar{\boldsymbol{u}}}(\bar{\boldsymbol{x}}^{(j)}(\tau), \bar{\boldsymbol{u}}^{(j)}(\tau), \boldsymbol{\lambda}^{(j)}(\tau)) \tag{2.22}$$

kann verwendet werden, um einen Abstieg im Kostenfunktional (2.5a) zu erreichen. Der negative Gradient legt die Suchrichtung für das Optimum fest, die Bestimmung der optimalen Schrittweite

$$\alpha^{(j)} \leftarrow \arg\min_{\alpha>0} J(\bar{\boldsymbol{u}}^{(j)} - \alpha \boldsymbol{g}^{(j)}) \tag{2.23}$$

stellt ein unterlagertes skalares Optimierungsproblem dar, das meist approximativ gelöst wird. Die Stellgrößenbeschränkungen (2.2) können beim Gradientenverfahren berücksichtigt werden, indem die Steuerung $\bar{\boldsymbol{u}}^{(j)}(\tau)$ in jedem Schritt auf die zulässige Menge U projiziert wird. Der Algorithmus ist in Tabelle 2.1 zusammengefasst und wird in dieser Arbeit als Basis für die MPC-Implementierung verwendet.

2.5 Echtzeitfähige MPC-Implementierung

Für eine echtzeitfähige Implementierung der modellprädiktiven Regelung muss der Rechenaufwand der numerischen Lösung begrenzt werden. Bei Verwendung des Gradientenverfahrens ist es naheliegend die Optimierung nach einer festen Anzahl Iterationen abzubrechen. Die so erhaltene Näherungslösung kann im nächsten Zeitschritt zur Reinitialisierung verwendet werden.

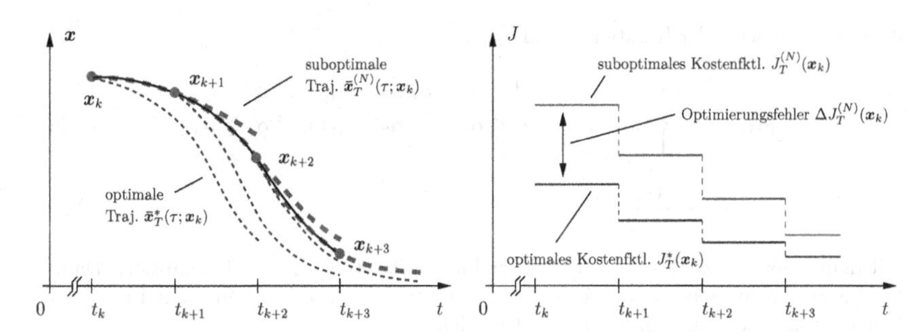

Abbildung 2.2: Suboptimale MPC-Implementierung [Gra13, S. 156].

Statt der optimalen Steuerung (2.6) wird die suboptimale Lösung nach N Iterationen als Stellgröße

$$u(t_k + \tau) = \bar{u}^{(N)}(\tau; x_k), \quad \tau \in [0, \Delta t) \tag{2.24}$$

verwendet. Die Abweichung der Kosten vom optimalen Wert $J_T^*(x_k, \bar{u}^*)$

$$\Delta J_T^{(N)}(x_k, \bar{u}) = J_T^{(N)}(x_k, \bar{u}) - J_T^*(x_k, \bar{u}^*) \geq 0 \tag{2.25}$$

wird als Optimierungsfehler bezeichnet. Wenn die suboptimale Lösung als Startwert im nächsten Abtastschritt verwendet wird, kann der Optimierungsfehler sukzessive reduziert werden. Das Prinzip wird in Abbildung 2.2 dargestellt. Es lässt sich zeigen, dass auch mit dieser suboptimalen Strategie die Stabilität des Systems (2.4) erreicht wird [GEK10; GK12].

Die Liniensuche (2.23), also die Bestimmung der optimalen Schrittweite $\alpha^{(j)}$, kann durch Verwendung einer festen Schrittweite abgekürzt werden. In diesem Fall muss α aber sehr klein gewählt werden, was zu einer langsamen Konvergenz führt. Eine bessere Alternative ist es, die Kostenfunktion in Suchrichtung (2.22) durch ein Polynom zu approximieren und das Minimum des Polynoms als Schrittweite zu verwenden.

Wenn die Kostenfunktion (2.7) für drei Schrittweiten $\alpha_1 < \alpha_2 < \alpha_3$ ausgewertet wird, kann sie näherungsweise durch eine quadratische Funktion

$$J(\bar{u}^{(j)} - \alpha^{(j)} g^{(j)}) \approx \phi(\alpha) = c_0 + c_1 \alpha + c_2 \alpha^2 \tag{2.26}$$

mit den Koeffizienten c_0, c_1, c_2 beschrieben werden. Für die Koeffizienten können explizite Formeln angegeben werden [GK12]. Als Schrittweite wird der Wert $\alpha^{(j)}$ verwendet, der die Funktion $\phi(\alpha)$ innerhalb der Grenzen von α_1 und α_3 minimiert, d. h.

$$\alpha^{(j)} = \arg\min_{\alpha \in [\alpha_1, \alpha_3]} \phi(\alpha) \,. \tag{2.27}$$

Damit das Minimum im Laufe der Iterationen zwischen die Intervallgrenzen fällt, werden die Grenzen nach jeder Iteration gemäß

$$[\alpha_1, \alpha_3] \leftarrow \begin{cases} \kappa[\alpha_1, \alpha_3] & \alpha^{(j)} \geq \alpha_3 - \epsilon_\alpha(\alpha_3 - \alpha_1) \text{ und } \alpha_3 \leq \alpha_{\max} \\ \frac{1}{\kappa}[\alpha_1, \alpha_3] & \alpha^{(j)} \leq \alpha_1 + \epsilon_\alpha(\alpha_3 - \alpha_1) \text{ und } \alpha_1 \geq \alpha_{\min} \\ [\alpha_1, \alpha_3] & \text{sonst} \end{cases} \tag{2.28}$$

$$\alpha_2 \leftarrow \frac{\alpha_1 + \alpha_3}{2} \tag{2.29}$$

mit dem Anpassungsfaktor $\kappa > 1$ und der Intervalltoleranz $\epsilon_\alpha \in (0, 1)$ adaptiert. Damit das Intervall nicht unbegrenzt wächst, können mit $\alpha_{\min}$ und $\alpha_{\max}$ minimale und maximale Werte für die Intervallgrenzen festgelegt werden.

Das Programm `GRAMPC`, das am Institut für Mess-, Regel- und Mikrotechnik entwickelt wurde, basiert auf dem suboptimalen Gradientenverfahren und der adaptiven Liniensuche [KG14]. Die Software ist in C geschrieben und verfügt über eine Anbindung an MATLAB/SIMULINK. Mit dem echtzeitfähigen Verfahren ist die modellprädiktive Regelung nichtlinearer Systeme mit Abtastzeiten im Millisekunden-Bereich möglich. Aufgrund der sehr effizienten Implementierung wurde diese Software auch als Grundlage für das in Kapitel 4 entwickelte stochastische Verfahren eingesetzt.

3 Regelung mit Unsicherheiten

In der Einleitung (siehe Kapitel 1) wurde bereits motiviert, warum es sinnvoll ist, Unsicherheiten im Reglerentwurf zu berücksichtigen. In diesem Kapitel werden die Unsicherheiten mathematisch modelliert und das Optimierungsproblem (2.5) für die modellprädiktive Regelung entsprechend erweitert. Darüber hinaus werden verschiedene Lösungsansätze aus der Literatur vorgestellt.

3.1 Modellierung der Unsicherheiten

Unsicherheiten werden typischerweise mit den Mitteln der Wahrscheinlichkeitsrechnung modelliert. An dieser Stelle werden die nötigen Begriffe nur kurz eingeführt, für ausführlichere Erklärungen sei auf Bücher und Vorlesungsunterlagen zur Stochastik verwiesen [Spo10; Kun12; Grü07].

Ein Wahrscheinlichkeitsraum ist ein Tripel (Ω, Σ, P) mit der Menge der Elementarereignisse $\omega \in \Omega$, einer σ-Algebra Σ auf Ω und einem Wahrscheinlichkeitsmaß $P : \Sigma \to [0, 1]$. Eine Zufallsvariable ist eine messbare Abbildung $X : \Sigma \to \mathbb{R}$. Entsprechend sind Zufallsvektoren als Abbildung $\boldsymbol{X} : \Sigma \to \mathbb{R}^n$ definiert. Zufallsvariablen können diskrete oder kontinuierliche Werte annehmen. Für kontinuierliche Zufallsvariablen wird die Existenz einer zugehörigen Wahrscheinlichkeitsdichte $p_X(x)$ angenommen, so dass für die Wahrscheinlichkeit

$$\mathbb{P}[X \leq y] = \int_{-\infty}^{y} p_X(x)\,\mathrm{d}x \tag{3.1}$$

gilt. Der Erwartungswert ist für kontinuierliche Zufallsvariablen durch

$$\mathbb{E}[X] = \int_{-\infty}^{\infty} x\, p_X(x)\,\mathrm{d}x \tag{3.2}$$

und für diskrete Zufallsvariablen mit den möglichen Werten $y_1, \ldots, y_m$ durch

$$\mathbb{E}[X] = \sum_{i=1}^{m} y_i\, \mathbb{P}[X = y_i] \tag{3.3}$$

gegeben. Die Varianz der Zufallsvariable ist als

$$\mathrm{Var}[X] = \mathbb{E}[(X - \mathbb{E}[X])^2] = \mathbb{E}[X^2] - \mathbb{E}[X]^2 \tag{3.4}$$

definiert. Für zwei Zufallsvektoren $\boldsymbol{X}$ und $\boldsymbol{Y}$ wird entsprechend die Kovarianzmatrix

$$\mathrm{Cov}[\boldsymbol{X}, \boldsymbol{Y}] = \mathbb{E}[(\boldsymbol{X} - \mathbb{E}[\boldsymbol{X}])(\boldsymbol{Y} - \mathbb{E}[\boldsymbol{Y}])^{\mathrm{T}}] \tag{3.5}$$

mit den Erwartungswertvektoren $\mathbb{E}[\boldsymbol{X}] = [\mathbb{E}[X_1], \ldots, \mathbb{E}[X_n]]^{\mathrm{T}}$ und analog $\mathbb{E}[\boldsymbol{Y}] = [\mathbb{E}[Y_1], \ldots, \mathbb{E}[Y_n]]^{\mathrm{T}}$ definiert. Wenn die Kovarianzmatrix für einen einzelnen Zufallsvektor $\boldsymbol{X}$

$$\mathrm{Cov}[\boldsymbol{X}] := \mathrm{Cov}[\boldsymbol{X}, \boldsymbol{X}] = \mathbb{E}[(\boldsymbol{X} - \mathbb{E}[\boldsymbol{X}])(\boldsymbol{X} - \mathbb{E}[\boldsymbol{X}])^{\mathrm{T}}] \tag{3.6}$$

aufgestellt wird, enthält die Diagonale gerade die Varianzen $\mathrm{Var}[X_i]$ der Komponenten von $\boldsymbol{X}$.

Eine normalverteilte Zufallsvariable $X \sim \mathcal{N}(\mu, \sigma^2)$ ist durch die Wahrscheinlichkeitsdichte

$$p_X(x) = \frac{1}{\sqrt{2\pi\sigma^2}} \exp\left(-\frac{(x-\mu)^2}{2\sigma^2}\right) \tag{3.7}$$

definiert. Die beiden Parameter der Verteilung entsprechen dem Erwartungswert $\mathbb{E}[X] = \mu$ und der Varianz $\mathrm{Var}[X] = \sigma^2$. Häufig wird angenommen, dass unbekannte Störungen näherungsweise durch normalverteilte Zufallsvariablen beschrieben werden können. Für Zufallsvektoren wird die Verteilung analog mit dem Erwartungswertvektor $\boldsymbol{\mu}$ und der Kovarianzmatrix $\boldsymbol{\Sigma}$ als Parameter definiert.

Ein stochastischer Prozess ist eine zeitabhängige Zufallsvariable $X(t)$. Seine konkreten Realisierungen werden als Pfade bezeichnet. Besondere Bedeutung hat der Wiener-Prozess $W(t)$, der auch Brownsche Bewegung genannt wird. Er wird durch die drei Eigenschaften

$$W(0) = 0 \text{ fast sicher} \tag{3.8a}$$

$$W \text{ hat unabhängige Zuwächse} \tag{3.8b}$$

$$W(t) - W(s) \sim \mathcal{N}(0, t-s)\,, \quad 0 \leq s < t \tag{3.8c}$$

definiert[1]. Eine Besonderheit des Wiener-Prozesses ist, dass seine Pfade fast sicher stetig, aber an keinem Punkt differenzierbar sind. Der Wiener-Prozess kann verwendet werden, um stochastische Einflüsse in zeitkontinuierlichen Systemen zu modellieren. Die Differentialgleichungen des Systems (2.1) werden dann durch stochastische Differentialgleichungen

$$\mathrm{d}X(t) = f(X(t), u(t))\,\mathrm{d}t + \sigma(X(t))\,\mathrm{d}W(t)\,, \quad X(0) = X_0 \tag{3.9}$$

mit dem Wiener-Prozess $W(t)$ ersetzt. Die Funktion f wird in diesem Zusammenhang oft als Driftterm und der Anteil σ als Diffusionsterm bezeichnet. Die Lösung von (3.9) ist ein stochastischer Prozess, der die Gleichung

$$X(t) = X_0 + \int_0^t f(X(s), u(s))\,\mathrm{d}s + \int_0^t \sigma(X(s))\,\mathrm{d}W(s) \tag{3.10}$$

mit dem Itō-Integral über $W(t)$ erfüllen muss.

[1] Ein Ereignis A heißt fast sicher, wenn $\mathbb{P}[A] = 1$ gilt.

Mit diesen Mitteln können nun die in der Einleitung genannten Unsicherheiten mathematisch modelliert werden[2]. Die unsichere Schätzung des Systemzustands $\boldsymbol{x}(t)$ führt dazu, dass die Anfangsbedingung $\bar{\boldsymbol{x}}(0) = \boldsymbol{x}_k$ des Optimierungsproblems (2.5) eine Zufallsvariable wird. Die Parameter des Systemmodells wurden bisher nicht explizit angegeben, da sie als feste Werte angenommen wurden. Wenn die Parameter aber nicht genau bekannt sind, können sie als Zufallsvariablen $\boldsymbol{\theta} \in \mathbb{R}^p$ in das Systemmodell

$$\dot{\boldsymbol{x}}(t) = \boldsymbol{f}(\boldsymbol{x}(t), \boldsymbol{u}(t), \boldsymbol{\theta}) \tag{3.11}$$

mit aufgenommen werden. Das unsichere Systemverhalten kann durch eine stochastische Differentialgleichung (3.9) abgebildet werden. Die Lösung des Systems ist in diesem Fall keine deterministische Funktion mehr, sondern ein stochastischer Prozess. Der konkrete Pfad ist abhängig von den Realisierungen der beteiligten Zufallsvariablen.

Das Kostenfunktional des Optimierungsproblems muss die zufälligen Werte auf eine deterministische Größe abbilden. Eine naheliegende Wahl ist der Erwartungswert des bisherigen Kostenfunktionals (2.7). Andererseits besteht die Möglichkeit die Varianz zu gewichten oder den Abstand zu einer gewünschten Wahrscheinlichkeitsdichte zu minimieren.

Damit lässt sich nun ein stochastisches Optimierungsproblem als Grundlage für die modellprädiktive Regelung mit Unsicherheiten angeben:

$$\min_{\bar{\boldsymbol{u}}(\cdot)} \quad J_T(\boldsymbol{x}_k, \bar{\boldsymbol{u}}) = \mathbb{E}\left[V(\bar{\boldsymbol{x}}(T)) + \int_0^T l(\bar{\boldsymbol{x}}(\tau), \bar{\boldsymbol{u}}(\tau))\,\mathrm{d}\tau\right] \tag{3.12a}$$

$$\text{u.B.v.} \quad \bar{\boldsymbol{x}}(\tau)\,\mathrm{d}\tau = \boldsymbol{f}(\bar{\boldsymbol{x}}(\tau), \bar{\boldsymbol{u}}(\tau), \boldsymbol{\theta})\,\mathrm{d}\tau + \boldsymbol{\sigma}(\bar{\boldsymbol{x}}(\tau))\,\mathrm{d}\boldsymbol{W}(\tau) \tag{3.12b}$$

$$\bar{\boldsymbol{x}}(0) = \boldsymbol{x}_k = \boldsymbol{x}(t_k) \tag{3.12c}$$

$$\bar{\boldsymbol{u}}(\tau) \in U\,, \quad \tau \in [0, T]\,. \tag{3.12d}$$

Um das Problem lösen zu können, müssen die Wahrscheinlichkeitsverteilungen des Anfangswerts $\boldsymbol{x}_k$ und der Modellparameter $\boldsymbol{\theta}$ bekannt sein. Die Untersuchung solcher stochastischer Optimierungsprobleme stellt ein weites Feld in der Mathematik dar. Insbesondere in der modernen Finanzmathematik können viele Probleme, wie beispielsweise die Bewertung von Optionen, nur mit stochastischen Modellen beschrieben und gelöst werden [Grü08]. Für die Anwendung im Rahmen der modellprädiktiven Regelung muss das Optimierungsproblem vor allem effizient lösbar sein. Da eine analytische Lösung im Allgemeinen nicht möglich ist, muss das Problem geeignet approximiert und numerisch gelöst werden. Im Folgenden werden dazu zwei Ansätze aus der Literatur vorgestellt.

3.2 Approximation durch Partikel

Der erste Ansatz wurde von einer Gruppe um L. Blackmore entwickelt und in mehreren Artikeln veröffentlicht [Bla06; BW07; BOBW10]. Die Idee ist, das stochastische Optimie-

[2] Entgegen der Konvention in der Wahrscheinlichkeitsrechnung wird im Folgenden auf die Großschreibung der Zufallsvariablen verzichtet. Stattdessen werden Matrizen $\boldsymbol{A}$ groß geschrieben, um sie von Skalaren a und Vektoren $\boldsymbol{a}$ zu unterscheiden.

rungsproblem durch eine endliche Anzahl Stichproben, die Partikel, anzunähern. Je mehr Partikel verwendet werden, desto genauer wird die Näherung. Da die Stichproben zufällig gezogen werden, handelt es sich um ein sequentielles Monte-Carlo-Verfahren[3].

3.2.1 Funktionsweise

Die Approximation von Integralen durch Stichproben ist eine verbreitete Methode. Eine bekannte Anwendung ist das Partikelfilter zur Zustandsschätzung nichtlinearer Systeme, das in vielen Fällen den klassischen Kalman-Filtern überlegen ist [Bla06].

Wenn $\boldsymbol{X}$ eine Zufallsvariable mit Wahrscheinlichkeitsdichte $p(\boldsymbol{x})$ ist, so kann der Erwartungswert der Funktion $f(\boldsymbol{x})$ durch

$$\mathbb{E}[f(\boldsymbol{x})] = \int_{-\infty}^{\infty} f(\boldsymbol{x})p(\boldsymbol{x})\,\mathrm{d}\boldsymbol{x} \tag{3.13}$$

berechnet werden. Für viele Funktionen und Verteilungen kann für dieses Integral keine geschlossene Lösung angegeben werden. Um die Auswertung des Integrals zu umgehen, kann der Erwartungswert jedoch aus M unabhängigen Stichproben $\boldsymbol{x}^{(i)}$ angenähert werden. Die Stichproben werden häufig nicht direkt aus der Verteilung $p(\boldsymbol{x})$, sondern aus einer Vorschlagsverteilung $q(\boldsymbol{x})$ gezogen. Der Erwartungswert berechnet sich dann als Mittelwert

$$\hat{\mathbb{E}}[f(\boldsymbol{x})] = \frac{1}{M}\sum_{i=1}^{M} w_i\, f(\boldsymbol{x}^{(i)}) \tag{3.14}$$

mit den Vorschlagsgewichten

$$w_i = \frac{p(\boldsymbol{x}^{(i)})}{q(\boldsymbol{x}^{(i)})}, \quad i = 1, \ldots, M\,. \tag{3.15}$$

Mit wenigen Annahmen über die Funktionen $p(\boldsymbol{x})$, $q(\boldsymbol{x})$ und $f(\boldsymbol{x})$ folgt aus dem starken Gesetz der großen Zahlen die Konvergenzeigenschaft [BOBW10]

$$\hat{\mathbb{E}}[f(\boldsymbol{x})] \to \mathbb{E}[f(\boldsymbol{x})] \text{ für } M \to \infty\,. \tag{3.16}$$

Der Wert des Integrals kann also aus Stichproben angenähert werden und für unendlich viele Partikel wird die exakte Lösung erreicht.

Analog kann die Wahrscheinlichkeit eines Ereignisses berechnet werden. Die Wahrscheinlichkeit, dass $f(\boldsymbol{x})$ in der Menge A liegt, ist durch

$$\mathbb{P}[f(\boldsymbol{x}) \in A] = \int_{f(\boldsymbol{x})\in A} p(\boldsymbol{x})\,\mathrm{d}\boldsymbol{x} \tag{3.17}$$

[3] Englisch „Sequential Monte Carlo"

gegeben. Mit der Hilfsfunktion

$$g(\boldsymbol{x}) = \begin{cases} 1 & \text{falls } f(\boldsymbol{x}) \in A \\ 0 & \text{falls } f(\boldsymbol{x}) \notin A \end{cases} \tag{3.18}$$

kann die Wahrscheinlichkeit äquivalent als Erwartungswert

$$\mathbb{P}[f(\boldsymbol{x}) \in A] = \mathbb{E}[g(\boldsymbol{x})] = \int_{-\infty}^{\infty} g(\boldsymbol{x})\, p(\boldsymbol{x})\, \mathrm{d}\boldsymbol{x} \tag{3.19}$$

ausgedrückt werden. Der Erwartungswert kann wie in (3.14) mit M unabhängigen Stichproben $\boldsymbol{x}^{(i)}$ durch

$$\hat{\mathbb{P}}[f(\boldsymbol{x}) \in A] = \frac{1}{M} \sum_{i=1}^{M} w_i\, g(\boldsymbol{x}^{(i)}) \tag{3.20}$$

näherungsweise berechnet werden. Mit wenigen Annahmen gilt wiederum die Konvergenzeigenschaft [BOBW10]

$$\hat{\mathbb{P}}[f(\boldsymbol{x}) \in A] \to \mathbb{P}[f(\boldsymbol{x}) \in A] \text{ für } M \to \infty\,. \tag{3.21}$$

Auf diese Weise lassen sich auch höhere Momente oder die Varianz der Verteilung $p(\boldsymbol{x})$ berechnen.

Der Vorteil der Methode ist, dass sie nicht auf eine bestimmte Wahrscheinlichkeitsverteilung beschränkt ist und damit auch für multimodale Verteilungen angewendet werden kann. Voraussetzung ist jedoch, dass die Verteilung $p(\boldsymbol{x})$ bekannt ist und Stichproben daraus gezogen werden können. Die Wahl der Vorschlagsverteilung $q(\boldsymbol{x})$ hängt von der konkreten Problemstellung ab. Die naheliegende Wahl $q(\boldsymbol{x}) = p(\boldsymbol{x})$ kann dazu führen, dass bei wenigen Partikeln Ereignisse mit niedriger Wahrscheinlichkeit nie gezogen werden. Haben solche Ereignisse jedoch, wenn sie auftreten, einen sehr hohen Einfluss auf die optimale Lösung, wie beispielsweise der Ausfall eines Bauteils, so kann die Verwendung einer angepassten Vorschlagsverteilung Abhilfe schaffen [BOBW10].

3.2.2 Anwendung auf die modellprädiktive Regelung

In [BOBW10] wird die Approximation nur für die dynamische Optimierung eines zeitdiskreten Systems genutzt. Da MPC im Wesentlichen aus der iterativen Lösung eines dynamischen Optimierungsproblems besteht, kann die Approximation auch dafür eingesetzt werden.

Betrachtet wird ein zeitdiskretes Systemmodell

$$\boldsymbol{x}_{k+1} = \boldsymbol{f}_d(\boldsymbol{x}_k, \boldsymbol{u}_k, \boldsymbol{\theta}_k, \boldsymbol{\nu}_k) \tag{3.22}$$

mit den Zuständen $\boldsymbol{x} \in \mathbb{R}^n$, den Stellgrößen $\boldsymbol{u} \in \mathbb{R}^m$, den Modellparametern $\boldsymbol{\theta} \in \mathbb{R}^p$ und den Störungen $\boldsymbol{\nu} \in \mathbb{R}^q$. Der Anfangszustand $\boldsymbol{x}_0$, die Modellparameter und die Störungen sind unsicher und werden als Zufallsvariablen modelliert. Es wird angenommen, dass die

Wahrscheinlichkeitsverteilungen bekannt sind und dass Stichproben daraus gezogen werden können.

Das stochastische Optimierungsproblem für die modellprädiktive Regelung ist durch

$$\begin{aligned} \min_{\bar{\boldsymbol{u}}} \quad & J_N(\boldsymbol{x}_k, \bar{\boldsymbol{u}}) = \mathbb{E}[l(\bar{\boldsymbol{x}}_{0:N}, \bar{\boldsymbol{u}}_{0:N-1})] && (3.23a) \\ \text{u.B.v.} \quad & \bar{\boldsymbol{x}}_{j+1} = \boldsymbol{f_d}(\bar{\boldsymbol{x}}_j, \bar{\boldsymbol{u}}_j, \boldsymbol{\theta}_j, \boldsymbol{\nu}_j), \quad \bar{\boldsymbol{x}}_0 = \boldsymbol{x}_k = \boldsymbol{x}(t_k) && (3.23b) \\ & \bar{\boldsymbol{u}}_{0:N-1} \in U && (3.23c) \end{aligned}$$

gegeben. Die Schreibweise $\bar{\boldsymbol{x}}_{0:N}$ dient als Abkürzung für die Zustandsfolge $[\bar{\boldsymbol{x}}_0, \ldots, \bar{\boldsymbol{x}}_N]$. Entsprechend bezeichnet $\bar{\boldsymbol{u}}_{0:N-1} = [\bar{\boldsymbol{u}}_0, \ldots, \bar{\boldsymbol{u}}_{N-1}]$ die Stellfolge. Als Kostenfunktion wird der Erwartungswert der Funktion l betrachtet, die die Zustände und die Stellgrößen gewichtet.

Um das Problem (3.23) zu approximieren, werden je M Stichproben für den Anfangszustand $\boldsymbol{x}_k^{(i)}$, die Modellparameter $\boldsymbol{\theta}_{0:N-1}^{(i)}$ und die Störungen $\boldsymbol{\nu}_{0:N-1}^{(i)}$ aus den zugehörigen Wahrscheinlichkeitsverteilungen bzw. Vorschlagsverteilungen gezogen. Zu jeder Stichprobe wird gemäß (3.15) ein Vorschlagsgewicht w_i berechnet. Ausgehend von der Anfangsbedingung $\bar{\boldsymbol{x}}_0^{(i)} = \boldsymbol{x}_k^{(i)}$ wird durch jedes dieser Partikel eine Zustandsfolge

$$\bar{\boldsymbol{x}}_{j+1}^{(i)} = \boldsymbol{f_d}(\bar{\boldsymbol{x}}_j^{(i)}, \bar{\boldsymbol{u}}_j, \boldsymbol{\theta}_j^{(i)}, \boldsymbol{\nu}_j^{(i)}), \quad j = 0, \ldots, N-1 \tag{3.24}$$

definiert, die sich für die Stellfolge $\bar{\boldsymbol{u}}_{0:N-1}$ ergibt. Wie in (3.14) wird der Wert des Kostenfunktionals

$$\hat{J}_N = \frac{1}{M} \sum_{i=1}^{M} w_i \, l(\bar{\boldsymbol{x}}_{0:N}^{(i)}, \bar{\boldsymbol{u}}_{0:N-1}) \tag{3.25}$$

aus den Partikeln geschätzt. Das neue Optimierungsproblem besteht darin, die Stellfolge $\bar{\boldsymbol{u}}_{0:N-1}$ zu suchen, die das Kostenfunktional (3.25) unter Berücksichtigung von (3.24) und den Stellgrößenbeschränkungen $\bar{\boldsymbol{u}}_{0:N-1} \in U$ minimiert. Dabei handelt es sich um ein deterministisches Optimierungsproblem, vergleichbar mit (2.8).

Damit kann die Lösung des stochastischen Optimierungsproblems (3.23) näherungsweise aus Stichproben berechnet werden. Wenn die oben genannten Konvergenzeigenschaften erfüllt sind, wird die Approximation für unendlich viele Partikel exakt. In [BOBW10] wird gezeigt, dass das deterministische Ersatzproblem für lineare Systeme und für lineare Jump-Markov-Systeme mittels gemischt-ganzzahliger Optimierung effizient gelöst werden kann. Eine Möglichkeit, den Ansatz auch für nichtlineare Systeme einzusetzen, wird in [BW07] präsentiert. Die Autoren weisen in [BOBW10] darauf hin, dass bei instabilen Systemen der Zeithorizont im Verhältnis zur Kovarianz der Störungen hinreichend kurz gewählt werden muss. Andernfalls wächst die Kovarianz so stark an, dass im Fall von Zustandsbeschränkungen keine zulässige Lösung mehr existiert. Alternativ kann das System auch mit einem inneren Kaskadenregler stabilisiert werden.

3.2.3 Berücksichtigung von Zustandsbeschränkungen

Das stochastische Optimierungsproblem (3.23) kann noch um zwei Arten von Zustandsbeschränkungen erweitert werden. In [BOBW10] wird gezeigt, dass beide Typen mit den Partikeln approximiert werden können. Zum einen kann die erwartete Zustandsfolge

$$\mathbb{E}[\bar{\boldsymbol{x}}_{1:N}] \in G \tag{3.26}$$

auf eine Menge G beschränkt werden. Der Erwartungswert kann nach (3.14) als Mittelwert

$$\left(\frac{1}{M}\sum_{i=1}^{M} w_i\,\bar{\boldsymbol{x}}_{1:N}^{(i)}\right) \in G \tag{3.27}$$

aus den M Partikeln mit den Vorschlagsgewichten w_i geschätzt werden, woraus eine deterministische Beschränkung folgt. Häufig möchte man jedoch nicht nur die erwartete Trajektorie, sondern auch die tatsächlichen Trajektorien beschränken. In der Gegenwart von stochastischen Unsicherheiten kann das Verletzen von Beschränkungen in der Regel nicht völlig vermieden werden. Deshalb formuliert man die Beschränkungen als sogenannte Zufallsbeschränkungen[4]

$$\mathbb{P}[\bar{\boldsymbol{x}}_{1:N} \in F] \geq \beta \tag{3.28}$$

mit der zulässigen Menge F und der Wahrscheinlichkeit β. Das bedeutet, dass die Beschränkung nur mit einer Wahrscheinlichkeit kleiner als $1-\beta$ verletzt werden darf. Analog zu (3.19) wird eine Hilfsfunktion

$$g(\bar{\boldsymbol{x}}_{1:N}) = \begin{cases} 1 & \text{falls } \bar{\boldsymbol{x}}_{1:N} \in F \\ 0 & \text{falls } \bar{\boldsymbol{x}}_{1:N} \notin F \end{cases} \tag{3.29}$$

eingeführt und die Wahrscheinlichkeit durch den Mittelwert der Partikel

$$\left(\frac{1}{M}\sum_{i=1}^{M} w_i\, g(\bar{\boldsymbol{x}}_{1:T}^{(i)})\right) \geq \beta \tag{3.30}$$

approximiert. Die Bedingung kann so interpretiert werden, dass der gewichtete Anteil der zulässigen Stichproben größer als β sein muss. Zufallsbeschränkungen sind nicht zuletzt deshalb interessant, weil sich mit dem Parameter β der „Sicherheitsabstand" zu den Beschränkungen flexibel einstellen lässt.

3.3 Approximation durch Polynomial Chaos Expansion

Der zweite vorgestellte Ansatz basiert auf der Polynomial Chaos Expansion (PCE) und wurde in [FK12a] und in [MSFB14] für die modellprädiktive Regelung nichtlinearer Systeme mit Unsicherheiten eingesetzt. Der Einsatz der PCE wird dadurch motiviert, dass bei

[4] Englisch chance constraints

Monte-Carlo-Verfahren in der Regel sehr viele Stichproben für eine zuverlässige Schätzung nötig sind. Dagegen reichen mit der PCE deutlich weniger Stichproben für eine gute Schätzung aus und damit sinkt auch der Rechenaufwand.

3.3.1 Funktionsweise

Die Polynomial Chaos Expansion ist eine Reihenentwicklung für stochastische Prozesse. Sei $\boldsymbol{\theta} = [\theta_0, \ldots, \theta_p]$ ein Vektor von unabhängigen und identisch verteilten Zufallsvariablen. Jeder stochastische Prozess $\psi(\boldsymbol{\theta})$ mit endlichem zweiten Moment kann in eine Reihe

$$\psi(\boldsymbol{\theta}) = \sum_{k=0}^{\infty} a_k \boldsymbol{\Phi}_{\alpha_k}(\boldsymbol{\theta}) \tag{3.31}$$

mit den Koeffizienten a_k entwickelt werden. Die multivariaten Polynome

$$\boldsymbol{\Phi}_{\alpha_k}(\boldsymbol{\theta}) = \prod_{i=1}^{p} \Phi_{\alpha_{i,k}}(\theta_i) \tag{3.32}$$

sind das Produkt von univariaten Polynomen $\Phi_{\alpha_{i,k}}(\theta_i)$ vom Grad $\alpha_{i,k}$ und müssen zueinander orthogonal sein. Die Konvergenzrate der Reihenentwicklung (3.31) hängt von der Wahl der Polynome ab. Das sogenannte Askey-Schema nennt für verschiedene Wahrscheinlichkeitsverteilungen die optimalen Polynome [XK02]. Beispielsweise sind Hermitsche Polynome für die Reihenentwicklung von normalverteilten Zufallsvariablen $\boldsymbol{\theta}$ geeignet.

Um einen stochastischen Prozess zu approximieren, muss die Reihenentwicklung (3.31) abgebrochen werden. Die Anzahl der Terme

$$L = \frac{(p+q)!}{p!\,q!} \tag{3.33}$$

kann aus der Anzahl der Zufallsvariablen p und der maximalen Ordnung q der Polynome $\Phi_{\alpha_{i,k}}$ berechnet werden [FK12a]. Die abgeschnittene Reihenentwicklung lässt sich dann in Vektorform schreiben

$$\hat{\psi}(\boldsymbol{\theta}) = \sum_{k=0}^{L-1} a_k \boldsymbol{\Phi}_{\alpha_k}(\boldsymbol{\theta}) = \boldsymbol{a}\boldsymbol{\Lambda}(\boldsymbol{\theta}) \tag{3.34}$$

mit $\boldsymbol{a} = [a_0, \ldots, a_{L-1}]$ und $\boldsymbol{\Lambda}(\boldsymbol{\theta}) = [\boldsymbol{\Phi}_{\alpha_0}, \ldots, \boldsymbol{\Phi}_{\alpha_{L-1}}]$. Die Berechnung der Koeffizienten $\boldsymbol{a}_k$ kann mit einer Galerkin-Projektion oder einem probabilistischen Kollokationsverfahren erfolgen [FK12b]. Wenn die Koeffizienten bekannt sind, lässt sich die Orthogonalitätseigenschaft der Polynome ausnutzen, um die Momente des stochastischen Prozesses $\psi(\boldsymbol{\theta})$ zu berechnen. So gilt etwa für den Erwartungswert

$$\mathbb{E}[\hat{\psi}(\boldsymbol{\theta})] = a_0 \tag{3.35}$$

und für die Varianz

$$\mathrm{Var}[\hat{\psi}(\boldsymbol{\theta})] = \sum_{k=0}^{L-1} a_k^2\, \mathbb{E}[\boldsymbol{\Phi}_{\alpha_k}^2(\boldsymbol{\theta})]\,. \tag{3.36}$$

Da die Erwartungswerte $\mathbb{E}[\Phi^2_{\alpha_k}(\boldsymbol{\theta})]$ nicht von den Koeffizienten $\boldsymbol{a}_k$ abhängen, müssen sie nur einmal berechnet werden und können dann immer wieder zur Berechnung der Varianz verwendet werden. Ein Vorteil der PCE besteht also darin, dass bei bekannten Koeffizienten die Momente der Verteilung sehr schnell berechnet werden können.

3.3.2 Anwendung auf die modellprädiktive Regelung

Die Lösung des stochastischen Optimierungsproblems in der modellprädiktiven Regelung erfordert die Berechnung von Erwartungswerten und eventuell auch höheren Momenten der Wahrscheinlichkeitsverteilungen. Die Polynomial Chaos Expansion wird in [FK12a] und in [MSFB14] eingesetzt, um diese Werte aus wenigen Stichproben der unsicheren Parameter zuverlässig zu schätzen.

Betrachtet wird ein zeitdiskretes Systemmodell

$$\boldsymbol{x}_{k+1} = \boldsymbol{f}_d(\boldsymbol{x}_k, \boldsymbol{u}_k, \boldsymbol{\theta}) \tag{3.37}$$

mit den Zuständen $\boldsymbol{x} \in \mathbb{R}^n$, den Stellgrößen $\boldsymbol{u} \in \mathbb{R}^m$ und den Modellparametern $\boldsymbol{\theta} \in \mathbb{R}^p$. Die Modellparameter sind unsicher und werden als Zufallsvariablen modelliert. Aufgrund der Unsicherheit ist die Lösung $\boldsymbol{x}_k$ der Differenzengleichung (3.37) ein stochastischer Prozess, welcher mit der Polynomial Chaos Expansion durch

$$x_{k,i} \approx \hat{x}_{k,i} = \boldsymbol{a}_{k,i}\boldsymbol{\Lambda}(\boldsymbol{\theta})\,, \quad i = 1, \ldots, n \tag{3.38}$$

approximiert werden kann. Die Koeffizienten $\boldsymbol{a}_{k,i}$ müssen für jeden Zeitschritt k und jedes Element i des Zustandsvektors bestimmt werden. Nach (3.35) kann dann beispielsweise der Erwartungswert

$$\mathbb{E}[\boldsymbol{x}_k] \approx \mathbb{E}[\hat{\boldsymbol{x}}_k] = \begin{bmatrix} \mathbb{E}[\hat{x}_{k,1}] \\ \vdots \\ \mathbb{E}[\hat{x}_{k,n}] \end{bmatrix} = \begin{bmatrix} a_{k,1,0} \\ \vdots \\ a_{k,n,0} \end{bmatrix} \tag{3.39}$$

aus den Koeffizienten berechnet werden. Analog kann man die Varianz $\mathrm{Var}[\boldsymbol{x}_k] \approx \mathrm{Var}[\hat{\boldsymbol{x}}_k]$ mittels (3.36) berechnen.

Das stochastische Optimierungsproblem für die modellprädiktive Regelung ist durch

$$\min_{\bar{\boldsymbol{u}}} \quad J_N(\boldsymbol{x}_k, \bar{\boldsymbol{u}}) \tag{3.40a}$$

$$\text{u.B.v.} \quad \bar{\boldsymbol{x}}_{j+1} = \boldsymbol{f}_d(\bar{\boldsymbol{x}}_j, \bar{\boldsymbol{u}}_j, \boldsymbol{\theta})\,, \quad \bar{\boldsymbol{x}}_0 = \boldsymbol{x}_k = \boldsymbol{x}(t_k) \tag{3.40b}$$

$$\bar{\boldsymbol{u}}_j \in U\,, \quad j = 0, \ldots, N-1 \tag{3.40c}$$

gegeben. Das Kostenfunktional J_N kann beispielsweise den Erwartungswert und die Varianz der Zustände $\bar{\boldsymbol{x}}$ gewichten. Wenn das Systemmodell (3.37) in jedem Zeitschritt t_k durch die Polynomial Chaos Expansion (3.38) approximiert wird, so können alle für die Kostenfunktion benötigten Werte aus den Koeffizienten $\boldsymbol{a}_{k,i}$ berechnet werden.

In [MSFB14] wird folgender Algorithmus zur Lösung des Optimierungsproblems (3.40) im Zeitschritt t_k vorgeschlagen:

1. Ausgehend von $\bar{\boldsymbol{x}}_0 = \boldsymbol{x}_k$ und einer initialen Stellfolge $\bar{\boldsymbol{u}}_j$ wird das System (3.37) für M Stichproben der unsicheren Modellparameter $\boldsymbol{\theta}$ simuliert.
2. Aus den so gewonnenen Trajektorien $\bar{\boldsymbol{x}}_j$ werden die Koeffizienten $\boldsymbol{a}_{j,i}$ der PCE (3.38) geschätzt.
3. Mit den Koeffizienten werden die benötigten Momente von $\bar{\boldsymbol{x}}_j$, wie z. B. die Erwartungswerte, berechnet.
4. Daraus resultiert ein deterministisches Optimierungsproblem. Dessen Lösung erfordert bei jeder Anpassung der Stellfolge $\bar{\boldsymbol{u}}_j$ eine neue Schätzung der PCE-Koeffizienten wie im zweiten Schritt.
5. Der erste Wert $\bar{\boldsymbol{u}}_0$ wird als Stellwert $\boldsymbol{u}_k$ des Systems verwendet.

Der kritische Punkt beim Einsatz der Polynomial Chaos Expansion ist die Berechnung der Koeffizienten. Zum einen soll bereits mit wenigen Stichproben eine gute Schätzung erreicht werden und zum anderen soll der benötigte Rechenaufwand klein bleiben. In [FK12b] wird ein Verfahren präsentiert, das dieses Ziel erreicht, und seine Effektivität wird anhand von Beispielen demonstriert.

3.3.3 Berücksichtigung von Zustandsbeschränkungen

Wie bei dem Partikel-Ansatz kann das Optimierungsproblem (3.40) noch um Beschränkungen der Zustände erweitert werden. Für Beschränkungen der erwarteten Zustandsfolge

$$\mathbb{E}[\bar{\boldsymbol{x}}_j] \in G\,, \quad j = 0, \ldots, N \tag{3.41}$$

auf eine Menge G kann der Zusammenhang (3.39) eingesetzt und die Beschränkung durch

$$\mathbb{E}[\hat{\boldsymbol{x}}_j] \in G\,, \quad j = 0, \ldots, N \tag{3.42}$$

ersetzt werden. Zufallsbeschränkungen werden in [MSFB14] nur in der speziellen Form

$$\mathbb{P}[c_i \bar{x}_{j,i} + d_i \leq 0] \geq \beta_i\,, \quad i \in \mathcal{I}, \quad j = 0, \ldots, N \tag{3.43}$$

für die Zustände in der Menge $\mathcal{I} \subseteq \{1, \ldots, n\}$ berücksichtigt. Mit β_i wird die untere Grenze für die gewünschte Wahrscheinlichkeit, mit der die Beschränkung eingehalten werden muss, angegeben. Zur Approximation der Beschränkung werden in [MSFB14] die „distributionally robust chance constraints" aus [CE06] eingesetzt. Für beliebige Wahrscheinlichkeitsverteilungen von $\hat{x}_{j,i}$ kann die Zufallsbeschränkung (3.43) durch die Beschränkung

$$c_i \left(\sqrt{\frac{\beta_i}{1-\beta_i}\, \mathrm{Var}[\bar{x}_{j,i}]} + \mathbb{E}[\bar{x}_{j,i}] \right) + d_i \leq 0\,, \quad i \in \mathcal{I}, \quad j = 0, \ldots, N \tag{3.44}$$

abgeschätzt werden. Der Erwartungswert und die Varianz können nach Approximation der Zustände $\bar{x}_{j,i}$ durch die Polynomial Chaos Expansion gemäß (3.35) bzw. (3.36) berechnet werden. Damit können auch im Fall von Zufallsbeschränkungen alle benötigten Größen aus den PCE-Koeffizienten ermittelt werden. Im Vergleich mit der Partikel-Approximation (3.30) ist diese Abschätzung der Beschränkung jedoch wesentlich ungenauer, da sie außer Erwartungswert und Varianz keine Informationen über die konkrete Verteilung verwendet.

Eine bisher noch nicht untersuchte Alternative besteht darin, die Zufallsbeschränkung analog zum Partikel-Ansatz mit dem Erwartungswert einer Hilfsfunktion $g(\bar{x}_{j,i})$ auszudrücken. Da die Hilfsfunktion ein stochastischer Prozess ist, kann sie mit der Polynomial Chaos Expansion approximiert werden und der Erwartungswert anschließend mittels (3.35) ausgewertet werden.

3.4 Weitere Ansätze

Neben diesen beiden Approximationen findet man in der Literatur noch viele weitere Ansätze für die optimale Steuerung und modellprädiktive Regelung stochastischer Systeme. Einen umfangreichen Überblick über Verfahren für nichtlineare Systemmodelle findet man in [Wei09]. Die Dissertation selbst beschäftigt sich jedoch nur mit Systemen mit wertdiskreten Stellgrößen, d. h. es gibt nur eine endliche Anzahl möglicher Stellwerte. Die dort entwickelten Lösungsverfahren basieren auf der dynamischen Programmierung und Branch-and-Bound-Algorithmen.

Das stochastische Optimierungsproblem (3.12) kann auch ohne Approximation in ein deterministisches Optimierungsproblem überführt werden. Die Evolution der Wahrscheinlichkeitsdichte $p(x,t)$ unter dem Einfluss der stochastischen Differentialgleichung (3.9) wird durch die partielle Differentialgleichung

$$\frac{\partial p(x,t)}{\partial t} = -\frac{\partial}{\partial x} f(x(t), u(t))\, p(x,t) + \frac{1}{2}\frac{\partial^2}{\partial x^2}\, \sigma(x(t))^2\, p(x,t) \tag{3.45}$$

beschrieben, die aus der statistischen Mechanik als Fokker-Planck-Gleichung bekannt ist. In [AB13] wird ein Ansatz für die modellprädiktive Regelung der Fokker-Planck-Gleichung vorgestellt. Das Optimierungsproblem wird gelöst, indem die partielle Differentialgleichung (3.45) in Ort und Zeit diskretisiert wird. Anschließend erfolgt die Minimierung mit einem konjugierten Gradientenverfahren. Ein ähnlicher Ansatz wird auch in [CS$^+$08] verfolgt. Eine Alternative zur Lösung der partiellen Differentialgleichung bietet [PM11]. Die Autoren zeigen, dass alle für die Optimierung benötigten Werte auch effizient aus Stichproben von Trajektorien berechnet werden können.

Wenn nur Unsicherheit in der Anfangsbedingung angenommen wird, so kann die deterministische Differentialgleichung

$$\dot{x}(t) = f(x(t)), \quad x(0) = X_0 \tag{3.46}$$

mit der Zufallsvariable X_0 als Systemmodell verwendet werden. Die Evolution der zugehörigen Wahrscheinlichkeitsdichte $p(x,t)$ wird in diesem Fall durch die Liouville-Gleichung

$$\frac{\partial p(x,t)}{\partial t} = -\frac{\partial}{\partial x} f(x)\, p(x,t) \tag{3.47}$$

beschrieben. Die partielle Differentialgleichung ergibt sich aus der Fokker-Planck-Gleichung (3.45), wenn der stochastische Diffusionsterm $\sigma(x(t)) = 0$ verschwindet. Die Eigenschaften dieser Gleichung und ihre Anwendungsmöglichkeiten in der Regelungstechnik werden in [Bro07] und [Bro12] untersucht.

Für stochastische Optimierungsprobleme ohne Beschränkungen werden in [RD04] Optimalitätsbedingungen hergeleitet. In diesem Fall treten in den kanonischen Gleichungen (2.10) höhere Ableitungen auf. Nach [RNGD10] können jedoch auch die deterministischen Optimalitätsbedingungen verwendet werden, wenn die kanonischen Gleichungen im Gradientenverfahren mit einem stochastischen Verfahren integriert werden.

Ein weiterer Ansatz wurde von H. J. Kappen für die optimale Steuerung nichtlinearer, stochastischer Systeme entwickelt [Kap05a; Kap05b]. Als Systemmodell wird die stochastische Differentialgleichung

$$\mathrm{d}\boldsymbol{x}(t) = (\boldsymbol{f}(\boldsymbol{x}(t)) + \boldsymbol{u}(t))\,\mathrm{d}t + \mathrm{d}\boldsymbol{W}(t) \tag{3.48}$$

mit dem Wiener-Prozess $\boldsymbol{W}(t)$ betrachtet. Das Kostenfunktional muss die Form

$$J(\boldsymbol{u}) = \mathbb{E}\left[V(\boldsymbol{x}(T)) + \int_0^T l(\boldsymbol{x}(\tau)) + \frac{1}{2}\boldsymbol{u}(\tau)^{\mathrm{T}}\boldsymbol{R}_{\text{cost}}\boldsymbol{u}(\tau)\,\mathrm{d}\tau\right] \tag{3.49}$$

mit dem Endkostenterm V, dem zustandsabhängigen Integralkostenterm l und der quadratischen Gewichtung der Stellgröße mit der Matrix $\boldsymbol{R}_{\text{cost}}$ haben. Es wird gezeigt, dass solche Optimierungsprobleme als Pfadintegral reformuliert werden können. Dieses Pfadintegral kann effizient mit Monte-Carlo-Verfahren oder einer Laplace-Approximation gelöst werden.

Zumindest in der Theorie sind damit zahlreiche Verfahren für die Regelung mit Unsicherheiten verfügbar. Der hohe Rechenaufwand, insbesondere für größere Systeme, stellt jedoch häufig noch ein Hindernis für den praktischen Einsatz dar.

4 Unscented MPC

In diesem Kapitel wird ein neuer Ansatz für die modellprädiktive Regelung mit Unsicherheiten auf Basis der Unscented-Transformation vorgestellt. Dabei handelt es sich um eine Methode, um den Erwartungswert und die Kovarianz in einem nichtlinearen System zu schätzen. Ein ähnlicher Ansatz wurde in [FN12] für die modellprädiktive Regelung einer Gruppe nichtholonomer Roboter eingesetzt. Das betrachtete nichtlineare Systemmodell ist zeitdiskret und das unterlagerte Optimierungsproblem minimiert das Kostenfunktional im geschlossenen Regelkreis, d. h. zukünftige Messungen werden in der Optimierung berücksichtigt. Da diese Messungen noch nicht verfügbar sind, wird angenommen, dass der Zustand mit der höchsten Wahrscheinlichkeit gemessen wird. Dadurch wird die Kovarianz der Schätzung reduziert und die zulässige Lösungsmenge des Optimierungsproblems vergrößert. Der hier vorgestellte Ansatz unterscheidet sich davon in zwei Punkten. Zum einen werden keine zukünftigen Messungen im Optimierungsproblem berücksichtigt, d. h. nur der offene Regelkreis wird betrachtet. Zum andern wird das Verfahren auf zeitkontinuierliche Systemmodelle übetragen, so dass die Optimierung mit dem echtzeitfähigen Gradientenverfahren aus Kapitel 2.5 erfolgen kann.

4.1 Unscented-Transformation

Die Unscented-Transformation wurde von Julier und Uhlmann als eine Alternative zum Extended Kalman Filter (EKF) für die Zustandsschätzung nichtlinearer Systeme entwickelt [JU97]. Das sogenannte Unscented Kalman Filter (UKF) hat sich seitdem in vielen Anwendungen als dem EKF überlegen erwiesen [Van04, S. 49].

Sei $\boldsymbol{x}$ eine n-dimensionale Zufallsvariable mit Erwartungswert $\mathrm{E}[\boldsymbol{x}] = \boldsymbol{m_x}$ und Kovarianzmatrix $\mathrm{Cov}[\boldsymbol{x}] = \boldsymbol{P_{xx}}$. Eine zweite Zufallsvariable

$$\boldsymbol{y} = \boldsymbol{f}(\boldsymbol{x}) \tag{4.1}$$

ergibt sich durch Anwendung der Funktion $\boldsymbol{f}$. Die Aufgabe ist es, den Erwartungswert $\mathrm{E}[\boldsymbol{y}] = \boldsymbol{m_y}$ und die Kovarianzmatrix $\mathrm{Cov}[\boldsymbol{y}] = \boldsymbol{P_{yy}}$ von $\boldsymbol{y}$ zu berechnen. Für nichtlineare Funktionen $\boldsymbol{f}$ können diese Werte in der Regel nicht analytisch bestimmt werden und man ist auf Approximationen angewiesen.

Der Ansatz des EKF nimmt eine Normalverteilung von $\boldsymbol{x}$ an und linearisiert die Funktion

$$\boldsymbol{y} = \boldsymbol{f}(\boldsymbol{x}) = \boldsymbol{f}(\boldsymbol{m_x}) + \frac{\mathrm{d}\boldsymbol{f}(\boldsymbol{m_x})}{\mathrm{d}\boldsymbol{x}}(\boldsymbol{x} - \boldsymbol{m_x}) \tag{4.2}$$

um den Mittelwert $\boldsymbol{m}_x$. In diesem Fall können der Erwartungswert durch

$$\boldsymbol{m}_y = \boldsymbol{f}(\boldsymbol{m}_x) \tag{4.3}$$

und die Kovarianzmatrix durch

$$\boldsymbol{P}_{yy} = \frac{\mathrm{d}\boldsymbol{f}(\boldsymbol{m}_x)}{\mathrm{d}\boldsymbol{x}} \boldsymbol{P}_{xx} \frac{\mathrm{d}\boldsymbol{f}(\boldsymbol{m}_x)}{\mathrm{d}\boldsymbol{x}}^{\mathrm{T}} \tag{4.4}$$

berechnet werden. Die Güte der Schätzung hängt von der Größe der Unsicherheit $\boldsymbol{P}_{xx}$ und der lokalen Nichtlinearität von $\boldsymbol{f}$ ab. Für eine genauere Approximation müssten Terme höherer Ordnung aus der Taylorreihe mitberücksichtigt werden, was jedoch die aufwändige Berechnung der Hesse-Matrix $\nabla^2 \boldsymbol{f}(\boldsymbol{x})$ erfordern würde.

Die Unscented-Transformation approximiert dagegen nicht die Funktion $\boldsymbol{f}$ sondern die Wahrscheinlichkeitsverteilung von $\boldsymbol{x}$. Dazu wird eine bestimmte Zahl sogenannter Sigmapunkte nach einem festen Schema ausgewählt. Der Erwartungswert und die Kovarianz von $\boldsymbol{y}$ werden aus den mittels (4.1) transformierten Sigmapunkten geschätzt. Die Approximation ist für beliebige Funktionen $\boldsymbol{f}$ bis zur zweiten Ordnung der Taylorreihe genau, benötigt dafür aber weder den Gradienten noch die Hesse-Matrix. Da die Reihe nicht abgebrochen wird, kann die Unscented-Transformation auch Informationen aus den Termen höherer Ordnung nutzen. Dadurch ist der Unscented-Ansatz der Linearisierung des EKF überlegen [JU97].

Die typische Vorgehensweise ist es, für eine n-dimensionale Zufallsvariable $2n+1$ Sigmapunkte

$$\boldsymbol{x}^{(0)} = \boldsymbol{m}_x \tag{4.5a}$$

$$\boldsymbol{x}^{(i)} = \boldsymbol{m}_x + \left(\sqrt{(n+\lambda)\boldsymbol{P}_{xx}}\right)_i \qquad i = 1, \dots, n \tag{4.5b}$$

$$\boldsymbol{x}^{(i+n)} = \boldsymbol{m}_x - \left(\sqrt{(n+\lambda)\boldsymbol{P}_{xx}}\right)_i \qquad i = 1, \dots, n \tag{4.5c}$$

zu wählen, wobei mit $\left(\sqrt{(n+\lambda)\boldsymbol{P}_{xx}}\right)_i$ die i-te Zeile der Matrixquadratwurzel bezeichnet wird. Die Matrixquadratwurzel $\boldsymbol{A} = \sqrt{\boldsymbol{P}}$ ist definiert als $\boldsymbol{P} = \boldsymbol{A}\boldsymbol{A}^{\mathrm{T}}$ und kann beispielsweise mit der Cholesky-Zerlegung berechnet werden [JU97]. Zu jedem Sigmapunkt wird ein Gewicht für die Berechnung des Mittelwerts

$$W_0^{(m)} = \frac{\lambda}{n+\lambda} \tag{4.6a}$$

$$W_i^{(m)} = \frac{1}{2(n+\lambda)} \qquad i = 1, \dots, 2n \tag{4.6b}$$

und ein Gewicht für die Berechnung der Kovarianzmatrix

$$W_0^{(c)} = \frac{\lambda}{n+\lambda} + (1 - \alpha^2 + \beta) \tag{4.7a}$$

$$W_i^{(c)} = \frac{1}{2(n+\lambda)} \qquad i = 1, \dots, 2n \tag{4.7b}$$

festgelegt. Der Skalierungsfaktor λ ist durch

$$\lambda = \alpha^2(n + \kappa) - n \tag{4.8}$$

gegeben. Mit den drei Parametern α, β und κ kann die Lage und die Gewichtung der Sigmapunkte eingestellt werden.

Für $\alpha = 1$ und $\beta = 0$ gilt $\lambda = \kappa$ und $W_0^{(m)} = W_0^{(c)}$, dies entspricht der ursprünglichen Variante aus [JU97]. Der Abstand der Sigmapunkte zum Mittelwert $|\boldsymbol{x}^{(i)} - \boldsymbol{m_x}|$ ist in diesem Fall proportional zu $\sqrt{n + \kappa}$, d. h. wenn die Dimension n von $\boldsymbol{x}$ ansteigt, dann wächst auch der Abstand der Sigmapunkte, so dass möglicherweise nicht-lokale Effekte die Transformation beeinflussen. Die spezielle Wahl von $\kappa = 3 - n$ eliminiert diese Abhängigkeit von der Dimension. Für $n > 3$ gilt dann jedoch $W_0 < 0$ und die berechnete Kovarianzmatrix $\boldsymbol{P_{yy}}$ kann indefinit werden [Van04, S. 54]. Die skalierte Unscented-Transformation mit den zusätzlichen Parametern α und β wurde entwickelt, um diesem Problem zu begegnen. Mit (4.8) ist der Abstand proportional zu $\sqrt{\alpha^2(n + \kappa)}$ und der Effekt von n kann mit $\alpha < 1$ kompensiert werden. In [WV00] wird die Wahl von $\kappa = 0$ und einem kleinen Wert für α, z. B. $\alpha = 10^{-3}$, empfohlen. Der Parameter β dient dazu, den Fehler in den Termen höherer Ordnung der Taylorreihe zu reduzieren. Bei einer Normalverteilung von $\boldsymbol{x}$ ist der Wert $\beta = 2$ optimal [Jul02].

Für die Schätzung der Wahrscheinlichkeitsverteilung von $\boldsymbol{y}$ wird jeder Sigmapunkt (4.5) mit der nichtlinearen Funktion (4.1) transformiert und man erhält

$$\boldsymbol{y}^{(i)} = \boldsymbol{f}(\boldsymbol{x}^{(i)}) \quad i = 0, \ldots, 2n\,. \tag{4.9}$$

Der Erwartungswert wird als gewichteter Mittelwert

$$\boldsymbol{m_y} = \sum_{i=0}^{2n} W_i^{(m)} \boldsymbol{y}^{(i)} \tag{4.10}$$

und die Kovarianzmatrix als gewichtetes äußeres Produkt

$$\boldsymbol{P_{yy}} = \sum_{i=0}^{2n} W_i^{(c)} (\boldsymbol{y}^{(i)} - \boldsymbol{m_y})(\boldsymbol{y}^{(i)} - \boldsymbol{m_y})^{\mathrm{T}} \tag{4.11}$$

der transformierten Sigmapunkte berechnet. Außerdem kann die Kreuzkovarianz der Zufallsvariablen $\boldsymbol{x}$ und $\boldsymbol{y}$ durch

$$\boldsymbol{P_{xy}} = \sum_{i=0}^{2n} W_i^{(c)} (\boldsymbol{x}^{(i)} - \boldsymbol{m_x})(\boldsymbol{y}^{(i)} - \boldsymbol{m_y})^{\mathrm{T}} \tag{4.12}$$

berechnet werden.

Die Unscented-Transformation weist Ähnlichkeiten mit Monte-Carlo-Verfahren, wie dem Partikel-Ansatz aus Kapitel 3.2, auf. Der entscheidende Unterschied ist jedoch, dass die Sigmapunkte nicht zufällig, sondern deterministisch gewählt werden. Die Frage, wie viele Stichproben nötig sind, damit das Verfahren konvergiert, stellt sich daher nicht. Mit $2n+1$ Sigmapunkten reichen bereits sehr wenige Stichproben, um den Erwartungswert und die Kovarianzmatrix zuverlässig zu schätzen.

Für die Anwendung der Unscented-Transformation muss die Zufallsvariable $\boldsymbol{x}$ nicht notwendigerweise normalverteilt sein. Die Berechnung des Erwartungswerts und der Kovarianzmatrix aus den transformierten Sigmapunkten gilt für beliebige Verteilungen. Des Weiteren ist es mit einer anderen Wahl der Sigmapunkte möglich, weitere Momente wie die Schiefe $\mathbb{E}[(x-\mathbb{E}[x])^3]$ oder die Wölbung $\mathbb{E}[(x-\mathbb{E}[x])^4]$ zu nutzen [Jul02].

4.2 Zeitkontinuierliche Prädiktion

Die Unscented-Transformation wird im UKF für die Prädiktion von Erwartungswert und Kovarianz des Systemzustands und für die Prädiktion von Erwartungswert und Kovarianz der Messung eingesetzt. Üblicherweise sind das Systemmodell und das Messmodell zeitdiskret. Analog zum Kalman-Bucy Filter kann ein Unscented Kalman-Bucy Filter (UKBF) für zeitkontinuierliche System- und Messmodelle hergeleitet werden. Die beiden Typen lassen sich auch kombinieren, so dass die Prädiktion des Systemzustands mit einem zeitkontinuierlichen Systemmodell und die Prädiktion der Messung mit einem zeitdiskreten Messmodell erfolgt [Sar07].

Für die Approximation des stochastischen Optimierungsproblems (3.12) mit der Unscented-Transformation ist es nötig, den Erwartungswert und die Kovarianz des Systemzustandes $\boldsymbol{x}$ im zeitkontinuierlichen Systemmodell zu prädizieren. Die folgende Herleitung der entsprechenden Gleichungen orientiert sich an [Sar07, Anhang C]. Eine ähnliche Herleitung findet sich in [Sin06]. Als Systemmodell wird die stochastische Differentialgleichung

$$\mathrm{d}\boldsymbol{x}(t)=\boldsymbol{f}(\boldsymbol{x}(t))\,\mathrm{d}t+\boldsymbol{\sigma}(t)\,\mathrm{d}\boldsymbol{W}(t) \tag{4.13}$$

mit dem Driftterm $\boldsymbol{f}$, dem zeitabhängigen Diffusionsterm $\boldsymbol{\sigma}$ und dem Wiener-Prozess $\boldsymbol{W}(t)$ betrachet. Der Mittelwert $\boldsymbol{m}(t)=\mathbb{E}[\boldsymbol{x}(t)]$ erfüllt allgemein die stochastische Differentialgleichung

$$\frac{\mathrm{d}\boldsymbol{m}(t)}{\mathrm{d}t}=\mathbb{E}[\boldsymbol{f}(\boldsymbol{x}(t))]\,. \tag{4.14}$$

Die Kovarianzmatrix $\boldsymbol{P}(t)=\mathrm{Cov}[\boldsymbol{x}(t)]$ erfüllt die stochastische Differentialgleichung

$$\frac{\mathrm{d}\boldsymbol{P}(t)}{\mathrm{d}t}=\mathrm{Cov}[\boldsymbol{x}(t),\boldsymbol{f}(\boldsymbol{x}(t))]+\mathrm{Cov}[\boldsymbol{f}(\boldsymbol{x}(t)),\boldsymbol{x}(t)]+\boldsymbol{\Sigma}(t) \tag{4.15}$$

mit $\boldsymbol{\Sigma}(t)=\boldsymbol{\sigma}(t)\boldsymbol{\sigma}(t)^{\mathrm{T}}$. Wenn $\boldsymbol{\Sigma}$ nicht von der Zeit abhängt, dann gilt für die Zuwächse durch die Diffusion

$$\boldsymbol{\sigma}\boldsymbol{W}(t)-\boldsymbol{\sigma}\boldsymbol{W}(s)\sim\mathcal{N}(0,(t-s)\boldsymbol{\Sigma})\quad 0\leq s<t. \tag{4.16}$$

Die Matrix $\boldsymbol{\Sigma}$ kann in diesem Fall als Kovarianz des Systemrauschens betrachtet werden.

Der Erwartungswert $\mathbb{E}[\boldsymbol{f}(\boldsymbol{x}(t))]$ in (4.14) und die Kovarianzmatrix $\mathrm{Cov}[\boldsymbol{x}(t),\boldsymbol{f}(\boldsymbol{x}(t))]$ in (4.15) sollen nun mit der Unscented-Transformation berechnet werden. Dazu werden wie in (4.5) $2n+1$ zeitabhängige Sigmapunkte

$$\boldsymbol{x}^{(0)}(t,\boldsymbol{m}(t),\boldsymbol{P}(t)) = \boldsymbol{m}(t) \tag{4.17a}$$

$$\boldsymbol{x}^{(i)}(t,\boldsymbol{m}(t),\boldsymbol{P}(t)) = \boldsymbol{m}(t) + \left(\sqrt{(n+\lambda)\boldsymbol{P}(t)}\right)_i \quad i=1,\ldots,n \tag{4.17b}$$

$$\boldsymbol{x}^{(i+n)}(t,\boldsymbol{m}(t),\boldsymbol{P}(t)) = \boldsymbol{m}(t) - \left(\sqrt{(n+\lambda)\boldsymbol{P}(t)}\right)_i \quad i=1,\ldots,n \tag{4.17c}$$

definiert. Die zugehörigen Gewichte $W_i^{(m)}$ und $W_i^{(c)}$ werden wie in (4.6) und (4.7) mit den Parametern α, β und κ gewählt. Zur besseren Lesbarkeit wird die Abhängigkeit der Sigmapunkte (4.17) von $\boldsymbol{m}(t)$ und $\boldsymbol{P}(t)$ in Folge nicht mehr explizit genannt. Mit der Bezeichnung $\boldsymbol{y}(t) = \boldsymbol{f}(\boldsymbol{x}(t))$ kann der Erwartungswert

$$\mathbb{E}[\boldsymbol{y}(t)] = \boldsymbol{m}_{\boldsymbol{y}}(t) \stackrel{(4.10)}{=} \sum_{i=0}^{2n} W_i^{(m)} \boldsymbol{y}^{(i)}(t) \tag{4.18}$$

aus den transformierten Sigmapunkten berechnet werden. Analog kann die Kovarianzmatrix

$$\mathrm{Cov}[\boldsymbol{x}(t),\boldsymbol{y}(t)] = \boldsymbol{P}_{\boldsymbol{xy}}(t) \stackrel{(4.12)}{=} \sum_{i=0}^{2n} W_i^{(c)} (\boldsymbol{x}^{(i)}(t) - \boldsymbol{m}(t))(\boldsymbol{y}^{(i)}(t) - \boldsymbol{m}_{\boldsymbol{y}}(t))^{\mathrm{T}} \tag{4.19}$$

aus den transformierten Sigmapunkten und (4.18) berechnet werden. Für die Kovarianzmatrix $\mathrm{Cov}[\boldsymbol{y}(t),\boldsymbol{x}(t)]$ gilt ferner

$$\mathrm{Cov}[\boldsymbol{y}(t),\boldsymbol{x}(t)] = \mathrm{Cov}[\boldsymbol{x}(t),\boldsymbol{y}(t)]^{\mathrm{T}} = \boldsymbol{P}_{\boldsymbol{xy}}(t)^{\mathrm{T}}\,. \tag{4.20}$$

Durch Einsetzen von (4.18) in (4.14) erhält man die Differentialgleichung des Mittelwerts

$$\frac{\mathrm{d}\boldsymbol{m}(t)}{\mathrm{d}t} = \boldsymbol{m}_{\boldsymbol{y}}(t) := \boldsymbol{f}_{\boldsymbol{m}}(t,\boldsymbol{m}(t),\boldsymbol{P}(t)) \tag{4.21}$$

und durch Einsetzen von (4.19) in (4.15) erhält man die Differentialgleichung der Kovarianzmatrix

$$\frac{\mathrm{d}\boldsymbol{P}(t)}{\mathrm{d}t} = \boldsymbol{P}_{\boldsymbol{xy}}(t) + \boldsymbol{P}_{\boldsymbol{xy}}(t)^{\mathrm{T}} + \boldsymbol{\Sigma}(t) := \boldsymbol{f}_{\boldsymbol{P}}(t,\boldsymbol{m}(t),\boldsymbol{P}(t))\,. \tag{4.22}$$

Mit den Funktionen $\boldsymbol{f}_{\boldsymbol{m}}$ und $\boldsymbol{f}_{\boldsymbol{P}}$ kann die zeitkontinuierliche Prädiktion nun kompakt als

$$\dot{\boldsymbol{m}}(t) = \boldsymbol{f}_{\boldsymbol{m}}(t,\boldsymbol{m}(t),\boldsymbol{P}(t)) \tag{4.23a}$$

$$\dot{\boldsymbol{P}}(t) = \boldsymbol{f}_{\boldsymbol{P}}(t,\boldsymbol{m}(t),\boldsymbol{P}(t)) \tag{4.23b}$$

geschrieben werden.

4.3 Anwendung auf die modellprädiktive Regelung

Die Anwendung der Unscented-Transformation auf das stochastische Optimierungsproblem (3.12) soll zu einem deterministischen Ersatzproblem führen, das mit dem Gradientenverfahren aus Kapitel 2.5 gelöst werden kann. Anstatt die stochastische Differentialgleichung

$$\mathrm{d}\bar{\boldsymbol{x}}(\tau) = \boldsymbol{f}(\bar{\boldsymbol{x}}(\tau), \bar{\boldsymbol{u}}(\tau))\,\mathrm{d}\tau + \boldsymbol{\sigma}(\tau)\,\mathrm{d}\boldsymbol{W}(\tau) \tag{4.24}$$

mit Anfangsbedingung $\bar{\boldsymbol{x}}(0) = \boldsymbol{x}_k$ im Zeitschritt t_k als Systemmodell zu betrachten, werden der Erwartungswert und die Kovarianzmatrix von $\bar{\boldsymbol{x}}(\tau)$ mit Hilfe der Unscented-Transformation prädiziert, d. h. die Differentialgleichungen (4.23) werden als Systemmodell mit den Zuständen $\boldsymbol{m}(\tau)$ und $\boldsymbol{P}(\tau)$ verwendet. Von der Wahrscheinlichkeitsverteilung der Anfangsbedingung werden dann auch nur der Erwartungswert $\boldsymbol{m}(0) = \mathbb{E}[\boldsymbol{x}_k]$ und die Kovarianzmatrix $\boldsymbol{P}(0) = \mathrm{Cov}[\boldsymbol{x}_k]$ benötigt. Unsichere Parameter im Systemmodell von (3.12) können auf diese Weise nicht direkt, sondern nur durch eine Vergrößerung der Systemunsicherheit $\boldsymbol{\Sigma}(\tau)$ berücksichtigt werden.

Neben dem stochastischen Systemmodell (4.24) muss noch das Kostenfunktional (3.12a)

$$\begin{aligned} J_T(\boldsymbol{x}_k, \bar{\boldsymbol{u}}) &= \mathbb{E}\left[V(\bar{\boldsymbol{x}}(T)) + \int_0^T l(\bar{\boldsymbol{x}}(\tau), \bar{\boldsymbol{u}}(\tau))\,\mathrm{d}\tau\right] \\ &= \mathbb{E}[V(\bar{\boldsymbol{x}}(T))] + \int_0^T \mathbb{E}[l(\bar{\boldsymbol{x}}(\tau), \bar{\boldsymbol{u}}(\tau)]\,\mathrm{d}\tau \end{aligned} \tag{4.25}$$

geeignet approximiert werden. Für lineare Funktionen $V(\bar{\boldsymbol{x}})$ und $l(\bar{\boldsymbol{x}}, \bar{\boldsymbol{u}})$ kann die Linearität des Erwartungswerts genutzt werden, um das Kostenfunktional durch

$$\begin{aligned} J_T(\boldsymbol{x}_k, \bar{\boldsymbol{u}}) &= V(\mathbb{E}[\bar{\boldsymbol{x}}(T)]) + \int_0^T l(\mathbb{E}[\bar{\boldsymbol{x}}(\tau)], \bar{\boldsymbol{u}}(\tau))\,\mathrm{d}\tau \\ &= V(\boldsymbol{m}(T)) + \int_0^T l(\boldsymbol{m}(\tau), \bar{\boldsymbol{u}}(\tau))\,\mathrm{d}\tau \end{aligned} \tag{4.26}$$

zu ersetzen. In diesem Fall hätte die Kovarianz $\boldsymbol{P}(\tau)$ keinen Einfluss auf die Kosten. Für nichtlineare Funktionen gilt dieser Zusammenhang nicht und die Erwartungswerte $\mathbb{E}[V(\bar{\boldsymbol{x}}(T))]$ und $\mathbb{E}[l(\bar{\boldsymbol{x}}(\tau), \bar{\boldsymbol{u}}(\tau)]$ müssen mit der Unscented-Transformation aus den Sigmapunkten (4.17) berechnet werden. Für den häufigen Fall von quadratischen Funktionen $V(\bar{\boldsymbol{x}})$ und $l(\bar{\boldsymbol{x}}, \bar{\boldsymbol{u}})$ wie in (2.7) gibt es jedoch eine einfachere Möglichkeit, denn es gilt nach [PP12, (318)]

$$\begin{aligned} &\mathbb{E}[\Delta\bar{\boldsymbol{x}}(T)^{\mathrm{T}}\boldsymbol{P}_{\mathrm{cost}}\Delta\bar{\boldsymbol{x}}(T)] \\ &= \mathrm{spur}(\boldsymbol{P}_{\mathrm{cost}}\,\mathrm{Cov}[\Delta\bar{\boldsymbol{x}}(T)]) + \mathbb{E}[\Delta\bar{\boldsymbol{x}}(T)]^{\mathrm{T}}\boldsymbol{P}_{\mathrm{cost}}\,\mathbb{E}[\Delta\bar{\boldsymbol{x}}(T)] \\ &= \mathrm{spur}(\boldsymbol{P}_{\mathrm{cost}}\,\mathrm{Cov}[\bar{\boldsymbol{x}}(T)]) + (\mathbb{E}[\bar{\boldsymbol{x}}(T)] - \boldsymbol{x}_R(T))^{\mathrm{T}}\boldsymbol{P}_{\mathrm{cost}}(\mathbb{E}[\bar{\boldsymbol{x}}(T)] - \boldsymbol{x}_R(T)) \\ &= \mathrm{spur}(\boldsymbol{P}_{\mathrm{cost}}\boldsymbol{P}(T)) + (\boldsymbol{m}(T) - \boldsymbol{x}_R(T))^{\mathrm{T}}\boldsymbol{P}_{\mathrm{cost}}(\boldsymbol{m}(T) - \boldsymbol{x}_R(T)) \\ &= \mathrm{spur}(\boldsymbol{P}_{\mathrm{cost}}\boldsymbol{P}(T)) + \Delta\boldsymbol{m}(T)^{\mathrm{T}}\boldsymbol{P}_{\mathrm{cost}}\Delta\boldsymbol{m}(T) \end{aligned} \tag{4.27}$$

mit $\Delta\boldsymbol{m} = \boldsymbol{m} - \boldsymbol{x}_R$ und entsprechend

$$\begin{aligned} \mathbb{E}[\Delta\bar{\boldsymbol{x}}(\tau)^{\mathrm{T}}\boldsymbol{Q}_{\mathrm{cost}}\Delta\bar{\boldsymbol{x}}(\tau)] &= \mathrm{spur}(\boldsymbol{Q}_{\mathrm{cost}}\,\mathrm{Cov}[\Delta\bar{\boldsymbol{x}}(\tau)]) + \mathbb{E}[\Delta\bar{\boldsymbol{x}}(\tau)]^{\mathrm{T}}\boldsymbol{Q}_{\mathrm{cost}}\,\mathbb{E}[\Delta\bar{\boldsymbol{x}}(\tau)] \\ &= \mathrm{spur}(\boldsymbol{Q}_{\mathrm{cost}}\boldsymbol{P}(\tau)) + \Delta\boldsymbol{m}(\tau)^{\mathrm{T}}\boldsymbol{Q}_{\mathrm{cost}}\Delta\boldsymbol{m}(\tau)\,, \end{aligned} \tag{4.28}$$

so dass das Kostenfunktional

$$J_T(\boldsymbol{x}_k, \bar{\boldsymbol{u}}) = \mathbb{E}[\Delta\bar{\boldsymbol{x}}(T)^{\mathrm{T}}\boldsymbol{P}_{\mathrm{cost}}\Delta\bar{\boldsymbol{x}}(T)] + \int_0^T \mathbb{E}[\Delta\bar{\boldsymbol{x}}(\tau)^{\mathrm{T}}\boldsymbol{Q}_{\mathrm{cost}}\Delta\bar{\boldsymbol{x}}(\tau)] + \Delta\bar{\boldsymbol{u}}(\tau)^{\mathrm{T}}\boldsymbol{R}_{\mathrm{cost}}\Delta\bar{\boldsymbol{u}}(\tau)\,\mathrm{d}\tau \tag{4.29}$$

äquivalent durch

$$J_T(\boldsymbol{x}_k, \bar{\boldsymbol{u}}) = \mathrm{spur}(\boldsymbol{P}_{\mathrm{cost}}\boldsymbol{P}(T)) + \Delta\boldsymbol{m}(T)^{\mathrm{T}}\boldsymbol{P}_{\mathrm{cost}}\Delta\boldsymbol{m}(T) + \int_0^T \mathrm{spur}(\boldsymbol{Q}_{\mathrm{cost}}\boldsymbol{P}(\tau)) + \Delta\boldsymbol{m}(\tau)^{\mathrm{T}}\boldsymbol{Q}_{\mathrm{cost}}\Delta\boldsymbol{m}(\tau) + \Delta\bar{\boldsymbol{u}}(\tau)^{\mathrm{T}}\boldsymbol{R}_{\mathrm{cost}}\Delta\bar{\boldsymbol{u}}(\tau)\,\mathrm{d}\tau \tag{4.30}$$

berechnet werden kann. Bei linearen Systemmodellen ist die Kovarianz $\boldsymbol{P}(\tau)$ unabhängig von den Stellgrößen des Systems und die beiden Terme $\mathrm{spur}(\boldsymbol{P}_{\mathrm{cost}}\boldsymbol{P}(T))$ und $\mathrm{spur}(\boldsymbol{Q}_{\mathrm{cost}}\boldsymbol{P}(\tau))$ können in der Minimierung vernachlässigt werden [YB05], so dass man wieder das Kostenfunktional (4.26) erhält. Mit Verweis auf [YB05] wird in [FN12] das Kostenfunktional ohne Kovarianzterme für die modellprädiktive Regelung eines nichtlinearen Systems verwendet. Dabei wurde nicht beachtet, dass in der Herleitung ein lineares Systemmodell angenommen wird.

Damit lässt sich nun das Optimierungsproblem für die modellprädiktive Regelung mit dem Unscented-Ansatz (uMPC) angeben:

$$\min_{\bar{\boldsymbol{u}}(\cdot)} \quad J_T(\boldsymbol{x}_k, \bar{\boldsymbol{u}}) = V(\boldsymbol{m}(T), \boldsymbol{P}(T)) + \int_0^T l(\boldsymbol{m}(\tau), \boldsymbol{P}(\tau), \bar{\boldsymbol{u}}(\tau))\,\mathrm{d}\tau \tag{4.31a}$$

$$\text{u.B.v.} \quad \dot{\boldsymbol{m}}(\tau) = \boldsymbol{f}_{\boldsymbol{m}}(\boldsymbol{m}(\tau), \boldsymbol{P}(\tau), \bar{\boldsymbol{u}}(\tau)), \quad \boldsymbol{m}(0) = \mathbb{E}[\boldsymbol{x}_k] \tag{4.31b}$$

$$\dot{\boldsymbol{P}}(\tau) = \boldsymbol{f}_{\boldsymbol{P}}(\boldsymbol{m}(\tau), \boldsymbol{P}(\tau), \bar{\boldsymbol{u}}(\tau)), \quad \boldsymbol{P}(0) = \mathrm{Cov}[\boldsymbol{x}_k] \tag{4.31c}$$

$$\bar{\boldsymbol{u}}(\tau) \in U, \quad \tau \in [0, T]. \tag{4.31d}$$

Die allgemeine Form des Kostenfunktionals schließt die Fälle (4.26), (4.30) und die Berechnung des Erwartungswerts einer nichtlinearen Funktion aus den Sigmapunkten ein. Ein Vergleich von (4.31) mit (2.5) zeigt, dass beide Optimierungsprobleme die selbe Form haben. Daraus folgt, dass die Lösung mit dem suboptimalen Gradientenverfahren erfolgen kann.

4.3.1 Herleitung der Optimalitätsbedingungen

Für die Anwendung des Gradientenverfahrens müssen die notwendigen Optimalitätsbedingungen des Problems (4.31) hergeleitet werden. Als Zustände werden statt $\bar{\boldsymbol{x}} \in \mathbb{R}^n$ der Mittelwert

$$\boldsymbol{m} = \begin{bmatrix} m_1 & \dots & m_n \end{bmatrix}^{\mathrm{T}} \in \mathbb{R}^n \tag{4.32}$$

und die Einträge der Kovarianzmatrix

$$\boldsymbol{P} = \begin{bmatrix} P_{11} & \dots & P_{1n} \\ \vdots & \ddots & \vdots \\ P_{n1} & \dots & P_{nn} \end{bmatrix} \in \mathbb{R}^{n \times n} \tag{4.33}$$

betrachtet. Dementsprechend tauchen in den Optimalitätsbedingungen adjungierte Zustände zum Mittelwert $\boldsymbol{\lambda}_m \in \mathbb{R}^n$ und zur Kovarianz $\boldsymbol{\Lambda}_P \in \mathbb{R}^{n \times n}$ auf. Zur besseren Lesbarkeit der Formeln wird in der Folge die Zeitabhängigkeit vernachlässigt. Die Hamilton-Funktion für das Optimierungsproblem (4.31) lautet

$$\begin{aligned} H(\boldsymbol{m}, \boldsymbol{P}, \bar{\boldsymbol{u}}, \boldsymbol{\lambda}_m, \boldsymbol{\Lambda}_P) &= l(\boldsymbol{m}, \boldsymbol{P}, \bar{\boldsymbol{u}}) + \boldsymbol{\lambda}_m^{\mathrm{T}} \boldsymbol{f}_{\boldsymbol{m}}(\boldsymbol{m}, \boldsymbol{P}, \bar{\boldsymbol{u}}) \\ &\quad + \mathrm{vec}(\boldsymbol{\Lambda}_P)^{\mathrm{T}} \mathrm{vec}(\boldsymbol{f}_{\boldsymbol{p}}(\boldsymbol{m}, \boldsymbol{P}, \bar{\boldsymbol{u}})) , \end{aligned} \tag{4.34}$$

wobei die Funktion $\mathrm{vec}(\boldsymbol{A})$ alle Einträge der Matrix $\boldsymbol{A}$ zeilenweise hintereinander in einen Vektor schreibt.

Für die Herleitung des adjungierten Systems (2.10b), d. h. den Differentialgleichungen für $\boldsymbol{\lambda}_m$ und $\boldsymbol{\Lambda}_P$, müssen die Ableitungen von $\boldsymbol{f}_{\boldsymbol{m}}$ und $\boldsymbol{f}_{\boldsymbol{P}}$ nach den Mittelwerten m_k $(k = 1, \dots, n)$ und nach den Einträgen der Kovarianzmatrix P_{kl} $(k, l = 1, \dots, n)$ berechnet werden. Für die Ableitung der Sigmapunkte (4.17) nach dem Mittelwert m_k gilt

$$\frac{\partial \bar{\boldsymbol{x}}^{(i)}}{\partial m_k} = \frac{\partial \boldsymbol{m}}{\partial m_k} \quad i = 0, \dots, 2n \tag{4.35}$$

und für die Ableitung nach der Kovarianz P_{kl} gilt

$$\frac{\partial \bar{\boldsymbol{x}}^{(0)}}{\partial P_{kl}} = 0 \tag{4.36a}$$

$$\frac{\partial \bar{\boldsymbol{x}}^{(i)}}{\partial P_{kl}} = \sqrt{n + \lambda} \left(\frac{\partial \sqrt{\boldsymbol{P}}}{\partial P_{kl}} \right)_i \quad i = 0, \dots, n \tag{4.36b}$$

$$\frac{\partial \bar{\boldsymbol{x}}^{(i+n)}}{\partial P_{kl}} = -\sqrt{n + \lambda} \left(\frac{\partial \sqrt{\boldsymbol{P}}}{\partial P_{kl}} \right)_i \quad i = 0, \dots, n . \tag{4.36c}$$

Da die Matrixquadratwurzel nicht eindeutig ist, hängt auch die Ableitung $\frac{\partial \sqrt{\boldsymbol{P}}}{\partial P_{kl}}$ von der konkreten Wahl ab. Eine Herleitung für die Cholesky-Zerlegung wird im nächsten Abschnitt gezeigt. Für die Ableitung der transformierten Sigmapunkte $\boldsymbol{y}^{(i)}$ nach dem Mittelwert m_k gilt

$$\frac{\partial \boldsymbol{y}^{(i)}}{\partial m_k} = \frac{\partial \boldsymbol{f}(\bar{\boldsymbol{x}}^{(i)}, \bar{\boldsymbol{u}})}{\partial m_k} = \frac{\partial \boldsymbol{f}(\bar{\boldsymbol{x}}^{(i)}, \bar{\boldsymbol{u}})}{\partial \bar{\boldsymbol{x}}^{(i)}} \frac{\partial \bar{\boldsymbol{x}}^{(i)}}{\partial m_k} , \tag{4.37}$$

wobei $\frac{\partial \bar{\boldsymbol{x}}^{(i)}}{\partial m_k}$ durch (4.35) gegeben ist. Analog gilt für die Ableitung nach der Kovarianz P_{kl}

$$\frac{\partial \boldsymbol{y}^{(i)}}{\partial P_{kl}} = \frac{\partial \boldsymbol{f}(\bar{\boldsymbol{x}}^{(i)}, \bar{\boldsymbol{u}})}{\partial P_{kl}} = \frac{\partial \boldsymbol{f}(\bar{\boldsymbol{x}}^{(i)}, \bar{\boldsymbol{u}})}{\partial \bar{\boldsymbol{x}}^{(i)}} \frac{\partial \bar{\boldsymbol{x}}^{(i)}}{\partial P_{kl}} , \tag{4.38}$$

wobei $\frac{\partial \bar{\boldsymbol{x}}^{(i)}}{\partial P_{kl}}$ durch (4.36) gegeben ist. Beide Ableitungen benötigen die Jacobi-Matrix der Funktion $\boldsymbol{f}$ nach den Zuständen, die auch im deterministischen Fall für (2.10b) benötigt wird. Mit (4.37) kann die Ableitung des transformierten Mittelwerts (4.18) nach dem Mittelwert m_k

$$\frac{\partial \boldsymbol{m_y}}{\partial m_k} = \sum_{i=0}^{2n} W_i^{(m)} \frac{\partial \boldsymbol{y}^{(i)}}{\partial m_k} \tag{4.39}$$

berechnet werden. Entsprechend wird mit (4.38) die Ableitung nach der Kovarianz P_{kl}

$$\frac{\partial \boldsymbol{m_y}}{\partial P_{kl}} = \sum_{i=0}^{2n} W_i^{(m)} \frac{\partial \boldsymbol{y}^{(i)}}{\partial P_{kl}} \tag{4.40}$$

berechnet. Mit (4.35), (4.37) und (4.39) kann die Ableitung der Kreuzkovarianz (4.19) nach dem Mittelwert m_k durch

$$\begin{aligned} \frac{\partial \boldsymbol{P}_{xy}}{\partial m_k} &= \sum_{i=0}^{2n} W_i^{(c)} \frac{\partial (\bar{\boldsymbol{x}}^{(i)} - \boldsymbol{m})(\boldsymbol{y}^{(i)} - \boldsymbol{m_y})^{\mathrm{T}}}{\partial m_k} \\ &= \sum_{i=0}^{2n} W_i^{(c)} \left(\frac{\partial (\bar{\boldsymbol{x}}^{(i)} - \boldsymbol{m})}{\partial m_k} (\boldsymbol{y}^{(i)} - \boldsymbol{m_y})^{\mathrm{T}} + (\bar{\boldsymbol{x}}^{(i)} - \boldsymbol{m}) \frac{\partial (\boldsymbol{y}^{(i)} - \boldsymbol{m_y})^{\mathrm{T}}}{\partial m_k} \right) \\ &= \sum_{i=0}^{2n} W_i^{(c)} (\bar{\boldsymbol{x}}^{(i)} - \boldsymbol{m}) \left(\frac{\partial \boldsymbol{y}^{(i)}}{\partial m_k} - \frac{\partial \boldsymbol{m_y}}{\partial m_k} \right)^{\mathrm{T}} \end{aligned} \tag{4.41}$$

berechnet werden. Im letzen Schritt wurde dabei der Zusammenhang

$$\frac{\partial (\bar{\boldsymbol{x}}^{(i)} - \boldsymbol{m})}{\partial m_k} = \frac{\partial \bar{\boldsymbol{x}}^{(i)}}{\partial m_k} - \frac{\partial \boldsymbol{m}}{\partial m_k} \overset{(4.35)}{=} \frac{\partial \boldsymbol{m}}{\partial m_k} - \frac{\partial \boldsymbol{m}}{\partial m_k} = \boldsymbol{0} \tag{4.42}$$

genutzt. Analog wird mit (4.36), (4.38) und (4.40) die Ableitung der Kreuzkovarianz (4.19) nach der Kovarianz P_{kl} durch

$$\begin{aligned} \frac{\partial \boldsymbol{P}_{xy}}{\partial P_{kl}} &= \sum_{i=0}^{2n} W_i^{(c)} \frac{\partial (\bar{\boldsymbol{x}}^{(i)} - \boldsymbol{m})(\boldsymbol{y}^{(i)} - \boldsymbol{m_y})^{\mathrm{T}}}{\partial P_{kl}} \\ &= \sum_{i=0}^{2n} W_i^{(c)} \left(\frac{\partial (\bar{\boldsymbol{x}}^{(i)} - \boldsymbol{m})}{\partial P_{kl}} (\boldsymbol{y}^{(i)} - \boldsymbol{m_y})^{\mathrm{T}} + (\bar{\boldsymbol{x}}^{(i)} - \boldsymbol{m}) \frac{\partial (\boldsymbol{y}^{(i)} - \boldsymbol{m_y})^{\mathrm{T}}}{\partial P_{kl}} \right) \\ &= \sum_{i=0}^{2n} W_i^{(c)} \left(\frac{\partial \bar{\boldsymbol{x}}^{(i)}}{\partial P_{kl}} (\boldsymbol{y}^{(i)} - \boldsymbol{m_y})^{\mathrm{T}} + (\bar{\boldsymbol{x}}^{(i)} - \boldsymbol{m}) \left(\frac{\partial \boldsymbol{y}^{(i)}}{\partial P_{kl}} - \frac{\partial \boldsymbol{m_y}}{\partial P_{kl}} \right)^{\mathrm{T}} \right) \end{aligned} \tag{4.43}$$

berechnet, wobei im letzten Schritt $\frac{\partial \boldsymbol{m}}{\partial P_{kl}} = \boldsymbol{0}$ eingesetzt wurde. Damit folgt die Differentialgleichung des adjungierten Zustands $\lambda_{m,k}$ aus der Ableitung der Hamilton-Funktion (4.34) nach dem Mittelwert m_k

$$\dot{\lambda}_{m,k} = -\frac{\partial H}{\partial m_k} = -\frac{\partial l(\boldsymbol{m}, \boldsymbol{P}, \bar{\boldsymbol{u}})}{\partial m_k} - \frac{\partial \boldsymbol{m_y}}{\partial m_k}^{\mathrm{T}} \boldsymbol{\lambda}_m - \mathrm{vec}\left(\frac{\partial (\boldsymbol{P}_{xy} + \boldsymbol{P}_{yx})}{\partial m_k} \right)^{\mathrm{T}} \mathrm{vec}(\boldsymbol{\Lambda}_P) , \tag{4.44}$$

wobei zur Berechnung (4.39) und (4.41) benötigt werden. Entsprechend wird mit (4.40) und (4.43) die Differentialgleichung des adjungierten Zustands $\Lambda_{P,kl}$ aus der Ableitung der

Hamilton-Funktion (4.34) nach der Kovarianz P_{kl}

$$\dot{\Lambda}_{P,kl} = -\frac{\partial H}{\partial P_{kl}} = -\frac{\partial l(\boldsymbol{m},\boldsymbol{P},\bar{\boldsymbol{u}})}{\partial P_{kl}} - \frac{\partial \boldsymbol{m}_y}{\partial P_{kl}}^{\mathrm{T}} \boldsymbol{\lambda}_m - \mathrm{vec}\left(\frac{\partial(\boldsymbol{P}_{xy}+\boldsymbol{P}_{yx})}{\partial P_{kl}}\right)^{\mathrm{T}} \mathrm{vec}(\boldsymbol{\Lambda}_P) \quad (4.45)$$

berechnet. Die Ableitungen des Integralkostenterms $l(\boldsymbol{m},\boldsymbol{P},\bar{\boldsymbol{u}})$ hängen von der konkreten Wahl des Kostenfunktionals ab.

Für die Berechnung der Stationaritätsbedingung (2.14) bzw. des Gradienten (2.22) werden die Ableitungen nach der Stellgröße $\bar{\boldsymbol{u}} = [\bar{u}_1, \ldots, \bar{u}_m]$ benötigt. Die Sigmapunkte (4.17) sind nicht von $\bar{\boldsymbol{u}}$ abhängig, so dass direkt die Ableitung des transformierten Mittelwerts (4.18) nach der Stellgröße $\bar{u}_k$ durch

$$\frac{\partial \boldsymbol{m}_y}{\partial \bar{u}_k} = \sum_{i=0}^{2n} W_i^{(m)} \frac{\partial \boldsymbol{y}^{(i)}}{\partial \bar{u}_k} = \sum_{i=0}^{2n} W_i^{(m)} \frac{\partial \boldsymbol{f}(\bar{\boldsymbol{x}}^{(i)},\bar{\boldsymbol{u}})}{\partial \bar{u}_k} \quad (4.46)$$

berechnet werden kann. Analog berechnet man die Ableitung der Kreuzkovarianz (4.19) nach der Stellgröße $\bar{u}_k$ durch

$$\begin{aligned}\frac{\partial \boldsymbol{P}_{xy}}{\partial \bar{u}_k} &= \sum_{i=0}^{2n} W_i^{(c)} \frac{\partial (\bar{\boldsymbol{x}}^{(i)}-\boldsymbol{m})(\boldsymbol{y}^{(i)}-\boldsymbol{m}_y)^{\mathrm{T}}}{\partial \bar{u}_k} \\ &= \sum_{i=0}^{2n} W_i^{(c)} (\bar{\boldsymbol{x}}^{(i)}-\boldsymbol{m}) \frac{\partial (\boldsymbol{y}^{(i)}-\boldsymbol{m}_y)^{\mathrm{T}}}{\partial \bar{u}_k} \\ &= \sum_{i=0}^{2n} W_i^{(c)} (\bar{\boldsymbol{x}}^{(i)}-\boldsymbol{m}) \left(\frac{\partial \boldsymbol{y}^{(i)}}{\partial \bar{u}_k} - \frac{\partial \boldsymbol{m}_y}{\partial \bar{u}_k}\right)^{\mathrm{T}}, \end{aligned} \quad (4.47)$$

wobei für beide Gleichungen die Jacobi-Matrix der Funktion $\boldsymbol{f}$ nach den Stellgrößen $\bar{\boldsymbol{u}}$ benötigt wird. Mit (4.46) und (4.47) kann schließlich die Ableitung der Hamilton-Funktion (4.34) nach der Stellgröße $\bar{u}_k$

$$\frac{\partial H}{\partial \bar{u}_k} = \frac{\partial l(\boldsymbol{m},\boldsymbol{P},\bar{\boldsymbol{u}})}{\partial \bar{u}_k} + \frac{\partial \boldsymbol{m}_y}{\partial \bar{u}_k}^{\mathrm{T}} \boldsymbol{\lambda}_m + \mathrm{vec}\left(\frac{\partial(\boldsymbol{P}_{xy}+\boldsymbol{P}_{yx})}{\partial \bar{u}_k}\right)^{\mathrm{T}} \mathrm{vec}(\boldsymbol{\Lambda}_P)\,. \quad (4.48)$$

berechnet werden. Die Ableitung des Integralkostenterms $l(\boldsymbol{m},\boldsymbol{P},\bar{\boldsymbol{u}})$ hängt auch hier vom konkreten Kostenfunktional ab.

Die Ableitung (4.47) erlaubt auch eine Aussage darüber, ob die Änderung der Kovarianzmatrix $\boldsymbol{P}$ durch die Stellgröße $\bar{u}_k$ beeinflusst werden kann. Die Ableitung verschwindet, wenn für den hinteren Term

$$\frac{\partial \boldsymbol{y}^{(i)}}{\partial \bar{u}_k} - \frac{\partial \boldsymbol{m}_y}{\partial \bar{u}_k} \overset{(4.46)}{=} \frac{\partial \boldsymbol{f}(\bar{\boldsymbol{x}}^{(i)},\bar{\boldsymbol{u}})}{\partial \bar{u}_k} - \sum_{j=0}^{2n} W_j^{(m)} \frac{\partial \boldsymbol{f}(\bar{\boldsymbol{x}}^{(j)},\bar{\boldsymbol{u}})}{\partial \bar{u}_k} = 0 \quad (4.49)$$

gilt. Dies ist der Fall, wenn der Gradient $\frac{\partial \boldsymbol{f}(\bar{\boldsymbol{x}}^{(i)},\bar{\boldsymbol{u}})}{\partial \bar{u}_k}$ nicht vom Zustand $\bar{\boldsymbol{x}}$ abhängt. Für

$\frac{\partial f(\bar{x}^{(i)},\bar{u})}{\partial \bar{u}_k} = \boldsymbol{b}_k(\bar{\boldsymbol{u}})$ gilt dann

$$\boldsymbol{b}_k(\bar{\boldsymbol{u}}) - \sum_{j=0}^{2n} W_j^{(m)} \boldsymbol{b}_k(\bar{\boldsymbol{u}}) = \boldsymbol{b}_k(\bar{\boldsymbol{u}}) \left(1 - \sum_{j=0}^{2n} W_j^{(m)}\right) \overset{(4.6)}{=} \boldsymbol{0}\,, \tag{4.50}$$

da die Gewichte für den Mittelwert $W_j^{(m)}$ in Summe 1 ergeben. Für diese Gruppe von Systemen können im Kostenfunktional (4.30) die Kovarianz-Terme in der Minimierung vernachlässigt werden.

4.3.2 Ableitung der Cholesky-Zerlegung

In (4.36) wurde die Ableitung der Matrixquadratwurzel $\sqrt{\boldsymbol{P}}$ nach den Einträgen der Kovarianzmatrix P_{kl} offen gelassen. Die Matrixquadratwurzel $\boldsymbol{A} = \sqrt{\boldsymbol{P}}$ ist über den Zusammenhang $\boldsymbol{A}\boldsymbol{A}^{\mathrm{T}} = \boldsymbol{P}$ definiert. Diese Abbildung ist nicht eindeutig, d. h. es gibt im Allgemeinen mehrere Matrizen $\boldsymbol{A}$, die diese Bedingung erfüllen. Für die Unscented-Transformation wird häufig die Cholesky-Zerlegung verwendet, da sie numerisch stabil ist und effizient implementiert werden kann [JU97].

Die Cholesky-Zerlegung der positiv definiten Matrix $\boldsymbol{P} = [p_{ij}]$ kann mit der folgenden Formel [Pre07, S.100]

$$\boldsymbol{A} = \sqrt{\boldsymbol{P}} = \left[a_{ij}\right] = \begin{cases} 0 & i < j \\ \sqrt{p_{ii} - \sum_{n=1}^{i-1} a_{in}^2} & i = j \\ \frac{1}{a_{jj}}(p_{ij} - \sum_{n=1}^{j-1} a_{in}a_{jn}) & i > j \end{cases} \tag{4.51}$$

berechnet werden. Die Formel wird zeilenweise angewendet, so dass für die Berechnung des nächsten Eintrags nur Werte benötigt werden, die bereits berechnet wurden. Der Aufwand für eine Matrix der Größe $n \times n$ liegt damit in der Größenordnung $\mathcal{O}(n^3)$.

Aus dieser Formel (4.51) können nun die Ableitungen $\frac{\mathrm{d}\sqrt{\boldsymbol{P}}}{\mathrm{d}p_{kl}}$ hergeleitet werden. Der erste Fall $i < j$ ist trivial, es gilt

$$\frac{\mathrm{d}a_{ij}}{\mathrm{d}p_{kl}} = 0\,. \tag{4.52}$$

Aus der Ableitung des zweiten Falls $i = j$ folgt

$$\begin{aligned}
\frac{\mathrm{d}a_{ii}}{\mathrm{d}p_{kl}} &= \frac{\mathrm{d}}{\mathrm{d}p_{kl}}\sqrt{p_{ii} - \sum_{n=1}^{i-1} a_{in}^2} \\
&= \frac{1}{2\sqrt{p_{ii} - \sum_{n=1}^{i-1} a_{in}^2}}\left(\frac{\mathrm{d}p_{ii}}{\mathrm{d}p_{kl}} - \sum_{n=1}^{i-1}\frac{\mathrm{d}a_{in}^2}{\mathrm{d}p_{kl}}\right) \\
&= \frac{1}{2a_{ii}}\left(\delta_{ik}\delta_{il} - \sum_{n=1}^{i-1} 2a_{in}\frac{\mathrm{d}a_{in}}{\mathrm{d}p_{kl}}\right)
\end{aligned} \tag{4.53}$$

mit dem Kronecker-Delta

$$\delta_{ij} = \begin{cases} 1 & \text{falls } i = j \\ 0 & \text{falls } i \neq j\,. \end{cases} \tag{4.54}$$

Für die Ableitung des dritten Falls $i > j$ ergibt sich

$$\begin{aligned}
\frac{\mathrm{d}a_{ij}}{\mathrm{d}p_{kl}} &= \frac{\mathrm{d}}{\mathrm{d}p_{kl}}\left(\frac{1}{a_{jj}}\left(p_{ij} - \sum_{n=1}^{j-1} a_{in}a_{jn}\right)\right) \\
&= \frac{\mathrm{d}}{\mathrm{d}p_{kl}}\frac{1}{a_{jj}}\left(p_{ij} - \sum_{n=1}^{j-1} a_{in}a_{jn}\right) + \frac{1}{a_{jj}}\frac{\mathrm{d}}{\mathrm{d}p_{kl}}\left(p_{ij} - \sum_{n=1}^{j-1} a_{in}a_{jn}\right) \\
&= \frac{-1}{a_{jj}^2}\frac{\mathrm{d}a_{jj}}{\mathrm{d}p_{kl}}\left(p_{ij} - \sum_{n=1}^{j-1} a_{in}a_{jn}\right) + \frac{1}{a_{jj}}\left(\frac{\mathrm{d}p_{ij}}{\mathrm{d}p_{kl}} - \sum_{n=1}^{j-1}\frac{\mathrm{d}}{\mathrm{d}p_{kl}}a_{in}a_{jn}\right) \\
&= \frac{-a_{ij}}{a_{jj}}\frac{\mathrm{d}a_{jj}}{\mathrm{d}p_{kl}} + \frac{1}{a_{jj}}\left(\delta_{ik}\delta_{jl} - \sum_{n=1}^{j-1}\left(a_{in}\frac{\mathrm{d}a_{jn}}{\mathrm{d}p_{kl}} + a_{jn}\frac{\mathrm{d}a_{in}}{\mathrm{d}p_{kl}}\right)\right)\,.
\end{aligned} \tag{4.55}$$

Zusammen ergeben die Fälle (4.52), (4.53) und (4.55) ein Verfahren, mit dem beliebige Ableitungen der Cholesky-Zerlegung berechnet werden können. Die Formel wird zeilenweise angewendet und es werden nur Ableitungen benötigt, die bereits berechnet wurden. Damit liegt der Aufwand für jede Ableitung in der Größenordnung $\mathcal{O}(n^3)$. Allerdings muss für die Berechnung des adjungierten Systems (2.10b) die Ableitung der Cholesky-Zerlegung nach jedem Eintrag der Kovarianzmatrix $\boldsymbol{P} \in \mathbb{R}^{n\times n}$ durchgeführt werden, so dass der Aufwand insgesamt in der Größenordnung $\mathcal{O}(n^5)$ liegt.

4.4 Berücksichtigung von Zustandsbeschränkungen

Wie bei dem Partikel-Ansatz in Kapitel 3.2.3 und bei dem PCE-Ansatz in Kapitel 3.3.3 kann auch das Optimierungsproblem (4.31) noch um Beschränkungen der Zustände $\bar{\boldsymbol{x}}$ erweitert werden. Beschränkungen des erwarteten Zustands $\mathbb{E}[\bar{\boldsymbol{x}}(\tau)]$ in der allgemeinen Form

$$\boldsymbol{h}(\mathbb{E}[\bar{\boldsymbol{x}}(\tau)]) \leq 0 \tag{4.56}$$

können durch eine Beschränkung des Mittelwerts $\boldsymbol{m}(\tau)$

$$\boldsymbol{h}(\boldsymbol{m}(\tau)) \leq 0 \tag{4.57}$$

ersetzt werden. Von besonderem Interesse bei der Regelung mit Unsicherheiten sind die probabilistischen Zustandsbeschränkungen. Eine Zufallsbeschränkung der Form

$$\mathbb{P}[\boldsymbol{h}^{\mathrm{T}}\bar{\boldsymbol{x}}(\tau) \leq g] \geq \alpha \tag{4.58}$$

erfordert, dass die Beschränkung $\boldsymbol{h}^{\mathrm{T}}\bar{\boldsymbol{x}} \leq g$ mit einer Wahrscheinlichkeit größer als α eingehalten wird. Unter der Annahme, dass $\bar{\boldsymbol{x}}(\tau)$ normalverteilt ist mit Mittelwert $\mathrm{E}[\bar{\boldsymbol{x}}(\tau)] = \boldsymbol{m}(\tau)$ und Kovarianzmatrix $\mathrm{Cov}[\bar{\boldsymbol{x}}(\tau)] = \boldsymbol{P}(\tau)$, kann die Beschränkung (4.58) nach [VB02] durch die deterministische Beschränkung

$$z_\alpha\sqrt{\boldsymbol{h}^{\mathrm{T}}\boldsymbol{P}(\tau)\boldsymbol{h}} + \boldsymbol{h}^{\mathrm{T}}\boldsymbol{m}(\tau) \leq g \tag{4.59}$$

approximiert werden. Dabei ist z_α das α-Quantil der Standardnormalverteilung $\mathcal{N}(0,1)$. Für nichtlineare Systemmodelle gilt die Annahme einer Normalverteilung im Allgemeinen nicht. Da bei der Unscented-Transformation aber davon ausgegangen wird, dass die Verteilung von $\bar{\boldsymbol{x}}(\tau)$ durch Mittelwert und Kovarianzmatrix hinreichend genau beschrieben wird, scheint die Approximation durch eine Normalverteilung berechtigt. Eine Alternative dazu ist die Verwendung der „distributionally robust chance constraints" aus [CE06], welche auch bei der Polynomial Chaos Expansion für die Berechnung der Beschränkung (3.43) eingesetzt wurden und für beliebige Wahrscheinlichkeitsverteilungen gelten. Wenn $\bar{\boldsymbol{x}}(\tau)$ aber näherungsweise normalverteilt ist, dann ist die Approximation (4.59) wesentlich genauer.

Für die Anwendung des Gradientenverfahrens auf das Optimierungsproblem mit Zustandsbeschränkungen werden die Beschränkungen wie in Kapitel 2.3 mit Straftermen im Kostenfunktional berücksichtigt. Für die Beschränkung (4.59) wird das Kostenfunktional $J_T(\boldsymbol{x}_k, \bar{\boldsymbol{u}})$ um den Term

$$J_\varepsilon(\boldsymbol{x}_k, \bar{\boldsymbol{u}}) = \int_0^T l_\varepsilon(\boldsymbol{m}(\tau), \boldsymbol{P}(\tau))\,\mathrm{d}\tau \tag{4.60}$$

$$= \int_0^T \varepsilon \max\left\{0, z_\alpha\sqrt{\boldsymbol{h}^{\mathrm{T}}\boldsymbol{P}(\tau)\boldsymbol{h}} + \boldsymbol{h}^{\mathrm{T}}\boldsymbol{m}(\tau) - g\right\}^r \mathrm{d}\tau \tag{4.61}$$

mit $r \geq 1$ und einem Gewicht ε erweitert. Bei der Berechnung der Differentialgleichung (4.44) des adjungierten Zustands $\lambda_{m,k}$ wird die Ableitung der Integralkostenfunktion $l_\varepsilon(\boldsymbol{m}(\tau), \boldsymbol{P}(\tau))$ nach dem Mittelwert m_k

$$\frac{\partial l_\varepsilon(\boldsymbol{m}, \boldsymbol{P})}{\partial m_k} = \varepsilon\, r \max\left\{0, z_\alpha\sqrt{\boldsymbol{h}^{\mathrm{T}}\boldsymbol{P}\boldsymbol{h}} + \boldsymbol{h}^{\mathrm{T}}\boldsymbol{m} - g\right\}^{r-1} \boldsymbol{h}^{\mathrm{T}}\frac{\partial \boldsymbol{m}}{\partial m_k} \tag{4.62}$$

benötigt. Analog wird für die Differentialgleichung (4.45) die Ableitung nach dem Eintrag der Kovarianzmatrix P_{kl}

$$\frac{\partial l_\varepsilon(\boldsymbol{m}, \boldsymbol{P})}{\partial P_{kl}} = \varepsilon\, r \max\left\{0, z_\alpha\sqrt{\boldsymbol{h}^{\mathrm{T}}\boldsymbol{P}\boldsymbol{h}} + \boldsymbol{h}^{\mathrm{T}}\boldsymbol{m} - g\right\}^{r-1} \frac{z_\alpha}{2\sqrt{\boldsymbol{h}^{\mathrm{T}}\boldsymbol{P}\boldsymbol{h}}}\boldsymbol{h}^{\mathrm{T}}\frac{\partial \boldsymbol{P}}{\partial P_{kl}}\boldsymbol{h} \tag{4.63}$$

benötigt. Als Exponent des Strafterms wird meist $r = 2$ gewählt. Für das Gewicht ε wird ein großer Wert benötigt, damit bei Verletzen der Beschränkung die Kosten schnell ansteigen und ein Minimum im zulässigen Bereich gefunden wird.

4.5 Kombination mit einem Zustandsschätzer

Für die Anfangsbedingung des Optimierungsproblems (4.31) werden der Erwartungswert $\mathbb{E}[\boldsymbol{x}_k]$ und die Kovarianzmatrix $\mathrm{Cov}[\boldsymbol{x}_k]$ des Anfangszustands $\boldsymbol{x}_k$ benötigt. Die Messung des Systemzustands $\boldsymbol{x} \in \mathbb{R}^n$ wird durch ein Messmodell

$$\boldsymbol{z} = \boldsymbol{H}\boldsymbol{x} + \boldsymbol{\nu} \tag{4.64}$$

mit der Matrix $\boldsymbol{H}$ und dem normalverteilten Messrauschen $\boldsymbol{\nu} \sim \mathcal{N}(0, \boldsymbol{R})$ beschrieben. Wenn alle Zustände direkt verfügbar sind, dann können der Messwert und die Kovarianzmatrix des Messrauschens für die Anfangsbedingung

$$\mathbb{E}[\boldsymbol{x}_k] = \boldsymbol{z}\,, \quad \mathrm{Cov}[\boldsymbol{x}_k] = \boldsymbol{R} \tag{4.65}$$

verwendet werden. Sind hingegen nicht alle Zustände verfügbar, so ist die Dimension des Messwerts $\boldsymbol{z}$ kleiner als n und der vollständige Systemzustand muss aus den bekannten Daten rekonstruiert werden. Die Anfangsbedingung besteht dann aus dem Erwartungswert und der Kovarianzmatrix der Schätzung.

Zustandsschätzer wie das Kalman-Filter bestehen aus einem Prädiktions- und einem Innovationsschritt. Im Prädiktionsschritt wird mit einem Systemmodell eine Schätzung des Systemzustands $\hat{\boldsymbol{x}}$ durchgeführt und die Unsicherheit der Prädiktion $\hat{\boldsymbol{P}}$ berechnet. Im Innovationsschritt wird der aktuelle Messwert verwendet, um die Schätzung zu korrigieren. Auch wenn alle Zustände direkt gemessen werden, kann sich der Einsatz eines Filters lohnen, damit bei hohem Messrauschen die Messwerte geglättet werden. Häufig werden der Zustandsschätzer und der Regler separat entworfen. Bei der modellprädiktiven Regelung mit dem Unscented-Ansatz können beide Schritt jedoch sinnvoll kombiniert werden, denn die Optimierung liefert bereits eine Prädiktion des nichtlinearen Systemverhaltens und der Unsicherheit, so dass dieser Teil im Filter entfallen kann.

Unter der Annahme eines linearen Messmodells (4.64) können für die Zustandsschätzung die Gleichungen des Kalman-Filter aus [Die12] verwendet werden. Für ein nichtlineares Messmodell müsste auf die Gleichungen des EKF oder des UKF zurückgegriffen werden. Wenn die Prädiktion des Systemzustands $\hat{\boldsymbol{x}}$ und die Kovarianzmatrix der Prädiktion $\hat{\boldsymbol{P}}$ bekannt sind, dann kann durch Anwendung des Messmodells die Messwertprädiktion

$$\hat{\boldsymbol{z}} = \boldsymbol{H}\,\hat{\boldsymbol{x}} \tag{4.66}$$

und die Kovarianzmatrix der Messwertprädiktion

$$\boldsymbol{S} = \boldsymbol{H}\,\hat{\boldsymbol{P}}\,\boldsymbol{H}^{\mathrm{T}} + \boldsymbol{R} \tag{4.67}$$

berechnet werden. An dieser Stelle geht auch die Kovarianzmatrix $\boldsymbol{R}$ des Messrauschens ein. Das Verhältnis der Kovarianzen von Systemprädiktion und Messprädiktion bestimmt die Filterverstärkung

$$\boldsymbol{K} = \hat{\boldsymbol{P}}\, \boldsymbol{H}^{\mathrm{T}}\, \boldsymbol{S}^{-1}\,. \tag{4.68}$$

Mit der Abweichung der Messwertprädiktion (4.66) vom tatsächlichen Messwert $\boldsymbol{z}$ wird die Zustandsschätzung

$$\boldsymbol{x} = \hat{\boldsymbol{x}} + \boldsymbol{K}\, (\boldsymbol{z} - \hat{\boldsymbol{z}}) \tag{4.69}$$

korrigiert. Mit (4.67) und (4.68) wird die Kovarianzmatrix der Schätzung

$$\boldsymbol{P} = \hat{\boldsymbol{P}} - \boldsymbol{K}\, \boldsymbol{S}\, \boldsymbol{K}^{\mathrm{T}} \tag{4.70}$$

aktualisiert. Die Filterverstärkung (4.68) bestimmt wie stark die Schätzung den Messwerten vertraut. Bei sehr niedrigem Messrauschen $\boldsymbol{R}$ folgt die Schätzung den Messwerten

$$\boldsymbol{R} \to 0 \quad \Rightarrow \quad \boldsymbol{x} \to \boldsymbol{H}^{-1} \boldsymbol{z}\,. \tag{4.71}$$

Bei hohem Messrauschen $\boldsymbol{R}$ bevorzugt das Filter dagegen die Prädiktion des Systemmodells

$$\boldsymbol{R} \to \infty \quad \Rightarrow \quad \boldsymbol{x} \to \hat{\boldsymbol{x}}\,. \tag{4.72}$$

Schließlich können die Zustandsschätzung (4.69) und die zugehörige Kovarianzmatrix (4.70) für die Anfangsbedingung des Optimierungsproblems (4.31)

$$\mathbb{E}[\boldsymbol{x}_k] = \boldsymbol{x}, \quad \mathrm{Cov}[\boldsymbol{x}_k] = \boldsymbol{P} \tag{4.73}$$

verwendet werden. Indem die Prädiktion aus der Optimierung genutzt wird, kann also mit wenig Rechenaufwand ein Filter implementiert werden.

Damit sind alle Voraussetzungen für die Implementierung des uMPC-Verfahrens gegeben. Der Ansatz prädiziert den Erwartungswert und die Kovarianzmatrix des Systemzustands und approximiert das stochastische Optimierungsproblem (3.12) durch ein deterministisches Ersatzproblem (4.31), welches mit dem suboptimalen Gradientenverfahren gelöst werden kann.

5 Evaluation

Die Berücksichtigung von stochastischen Unsicherheiten in der Regelung führt zu einem erhöhten Rechenaufwand. In diesem Kapitel wird anhand von Simulationen untersucht, welche Vorteile man im Gegenzug erhält. Für die Evaluation wurde der Unscented-Ansatz (uMPC) aus Kapitel 4 in die MPC-Software GRAMPC [KG14] integriert. Wie bereits in Kapitel 2.5 erwähnt, basiert das Programm auf einer effizienten Implementierung des suboptimalen Gradientenverfahrens. Zum Vergleich wird die deterministische modellprädiktive Regelung (dMPC) betrachtet, so wie sie in Kapitel 2 dargestellt wurde.

5.1 Dynamische Optimierung eines Rührkesselreaktors

Als Vorstufe für die modellprädiktive Regelung wird die Auswirkung des Unscented-Ansatzes auf das Optimierungsproblem ohne Rückkopplung untersucht. Betrachtet wird ein stark vereinfachtes Modell eines Rührkesselreaktors [POD02; GHZ04]. Ein Zulauf mit dem Volumenstrom u versorgt den Reaktor mit einem Edukt A, das zum gewünschten Produkt B reagiert. Die Konzentrationen c_A und c_B werden durch die Materialbilanzen

$$\dot{c}_A = -k_1 c_A - k_3 c_A^2 + (1 - c_A)u\,, \quad c_A(0) = c_{A,0} \tag{5.1a}$$

$$\dot{c}_B = k_1 c_A - k_2 c_B - c_B u\,, \quad c_B(0) = c_{B,0} \tag{5.1b}$$

beschrieben. Die Konzentrationen sind auf die Zulaufkonzentration normiert und die Parameter sind durch $k_1 = 50\frac{1}{\mathrm{h}}$, $k_2 = 100\frac{1}{\mathrm{h}}$ und $k_3 = 100\frac{1}{\mathrm{h}}$ gegeben. Der Eingang unterliegt den Beschränkungen

$$u \in \left[10\frac{1}{\mathrm{h}}, 400\frac{1}{\mathrm{h}}\right]\,. \tag{5.2}$$

Die Ruhelagen $(c_{A,R}, c_{B,R})$ des Systems (5.1) liegen auf der Parabel

$$c_{B,R} = \frac{k_1 c_{A,R}(1 - c_{A,R})}{k_1 c_{A,R} + k_2(1 - c_{A,R}) + k_3 c_{A,R}^2}\,. \tag{5.3}$$

Aus der Parabeleigenschaft folgt, dass es für eine gewünschte Produktkonzentration $c_{B,R}$ im Allgemeinen zwei mögliche Eduktkonzentrationen gibt. Eine der beiden wird mit einem geringeren Zulauf u erreicht und ist damit effizienter.

Als regelungstechnische Aufgabe wird ein Arbeitspunktwechsel von

$$c_{A,0} = 0.708\,, \quad c_{B,0} = 0.09\,, \quad u_0 = 293.6\frac{1}{\mathrm{h}} \tag{5.4}$$

nach

$$c_{A,f} = 0.215\,, \quad c_{B,f} = 0.09\,, \quad u_f = 19.6\frac{1}{\mathrm{h}} \tag{5.5}$$

betrachtet. Dabei zeigt sich ein Überschwingverhalten der Produktkonzentration c_B, das mit der Zustandsbeschränkung

$$c_B \leq 0.14 \tag{5.6}$$

unterbunden werden soll.

Die Ungenauigkeiten des Reaktormodells (5.1) aufgrund der starken Vereinfachung werden in Form der stochastischen Differentialgleichung

$$\mathrm{d}c_A = \left(-k_1 c_A - k_3 c_A^2 + (1 - c_A)u\right)\,\mathrm{d}t + \sigma_1\,\mathrm{d}w_1 \tag{5.7a}$$

$$\mathrm{d}c_B = (k_1 c_A - k_2 c_B - c_B u)\,\mathrm{d}t + \sigma_2\,\mathrm{d}w_2 \tag{5.7b}$$

mit den Wiener-Prozessen w_1 und w_2 modelliert. Das Systemverhalten wird im Folgenden für verschiedene Werte der Varianz des Systemrauschens $\sigma_1^2 = \sigma_2^2 = \sigma^2$ untersucht. Für die initiale Wahl der Sigmapunkte im Unscented-Ansatz ist es ferner nötig, dass die Anfangsbedingung unsicher ist. Hierfür wird eine Varianz $r_1 = r_2 = r = 10^{-3}$ gewählt.

Für die Optimierung wird ein Kostenfunktional wie in (2.7) verwendet, das den quadratischen Abstand der Zustände und der Stellgröße zum gewünschten Arbeitspunkt (5.5) gewichtet. Die Parameter dafür lauten

$$\boldsymbol{P}_{\text{cost}} = \begin{bmatrix} 1 & 0 \\ 0 & 1 \end{bmatrix}, \quad \boldsymbol{Q}_{\text{cost}} = \begin{bmatrix} 1 & 0 \\ 0 & 1 \end{bmatrix}, \quad R_{\text{cost}} = 0.1\,. \tag{5.8}$$

Für das uMPC-Verfahren wird das entsprechende Kostenfunktional (4.30) eingesetzt. Die Zustandsbeschränkung (5.6) wird im stochastischen Fall als Zufallsbeschränkung

$$\mathbb{P}[c_B \leq 0.14] \geq 0.95 \tag{5.9}$$

modelliert. Die Beschränkungen (5.6) und (5.9) werden mit einem Strafterm (2.18) bzw. (4.61) im Kostenfunktional berücksichtigt. Für den Parameter z_α wird das 95%-Quantil der Standardnormalverteilung $z_{0.95} = 1.6449$ verwendet. Die Gewichtung des Strafterms erfolgt jeweils mit $\varepsilon = 10^8$. Die Verwendung von Straftermen für Zustandsbeschränkungen hat den Nachteil, dass die optimale Lösung die Beschränkung durchaus noch leicht verletzen kann. Deshalb reicht es in der Evaluation nicht aus zu betrachten, ob die Beschränkung eingehalten wurde, sondern es muss betrachtet werden wie deutlich sie verletzt wurde.

Für die Auswertung wurde die optimale Stelltrajektorie $u^*(t)$ einmal mit dem dMPC-Optimierungsproblem (2.5) und einmal mit dem uMPC-Optimierungsproblem (4.31) berechnet. Anschließend wurden für das Systemmodell (5.7) je 100 Simulationsläufe durchge-

Ansatz	$\sigma^2 = 0.0001$ J_T	$J_{T,\varepsilon}$	$\sigma^2 = 0.001$ J_T	$J_{T,\varepsilon}$	$\sigma^2 = 0.01$ J_T	$J_{T,\varepsilon}$
dMPC	2.37	3.75	2.37	7.74	2.37	33.41
uMPC	12.50	12.50	13.26	13.39	21.74	24.08

Tabelle 5.1: Mittelwerte der simulierten Kosten für den Rührkesselreaktor.

führt. Die Integration der stochastischen Differentialgleichung erfolgte dabei mit einem Euler-Maruyama-Verfahren [KP92, S. 340]. Die Kosten wurden für das Kostenfunktional (2.7) als J_T und für das Kostenfunktional mit Straftermen (2.18) als $J_{T,\varepsilon} = J_T + J_\varepsilon$ berechnet. Der Unterschied zwischen den beiden Werten, der gerade J_ε entspricht, stellt damit ein Maß für die Verletzung der Beschränkungen dar.

Die mittleren Kosten aus den Simulationsläufen sind für zunehmendes Systemrauschen σ^2 in Tabelle 5.1 dargestellt. Die Abbildung 5.1 zeigt dazu die optimale Lösung $u^*(t)$ (durchgezogene Linie), die Parabel mit den stationären Punkten (5.3) (gepunktete Linie), die Beschränkung (5.6) (gestrichelte Linie) und die simulierten Trajektorien $[c_A(t), c_B(t)]$ für die verschiedenen Fälle. Aus den Abbildungen wird deutlich, dass der Unscented-Ansatz eine Trajektorie plant, die mit zunehmendem Rauschen mehr Abstand von der Beschränkung einhält. Dadurch wird erreicht, dass auch bei großer Unsicherheit die Beschränkung nur selten verletzt wird. In den mittleren Kosten ist dieser Effekt daran erkennbar, dass sich die Werte von J_T und $J_{T,\varepsilon}$ im uMPC-Fall kaum unterscheiden. Dagegen wird der Unterschied zwischen den beiden im dMPC-Fall mit zunehmendem Systemrauschen immer größer.

5.2 Modellprädiktive Regelung eines Laborkrans

Nachdem die Auswirkung des Unscented-Ansatzes auf die dynamische Optimierung gezeigt wurde, soll nun sein Einsatz in der modellprädiktiven Regelung untersucht werden. Dazu wird das Modell eines Laborkrans mit 6 Zuständen betrachtet [KG13; KGU14]. Durch den Unscented-Ansatz kommen noch 36 Zustände für die Einträge der Kovarianzmatrix (4.33) hinzu, so dass insgesamt ein Modell mit 42 Zuständen optimiert wird.

Die Dynamik des Systems wird durch die Differentialgleichungen

$$\dot{x}_1 = x_2 \tag{5.10a}$$
$$\dot{x}_2 = u_1 \tag{5.10b}$$
$$\dot{x}_3 = x_4 \tag{5.10c}$$
$$\dot{x}_4 = u_2 \tag{5.10d}$$
$$\dot{x}_5 = x_6 \tag{5.10e}$$
$$\dot{x}_6 = -\frac{1}{x_3}\left(g\sin(x_5) + u_1\cos(x_5) + 2x_4x_6\right) \tag{5.10f}$$

mit der Gravitationskonstante $g = 9.81\frac{\mathrm{m}}{\mathrm{s}^2}$ beschrieben. Dabei bezeichnet x_1 die Position des Wagens und x_2 seine Geschwindigkeit. Die Länge und Geschwindigkeit des Seils werden durch x_3 und x_4 beschrieben. Die Zustände x_5 und x_6 bezeichnen die Auslenkung und die

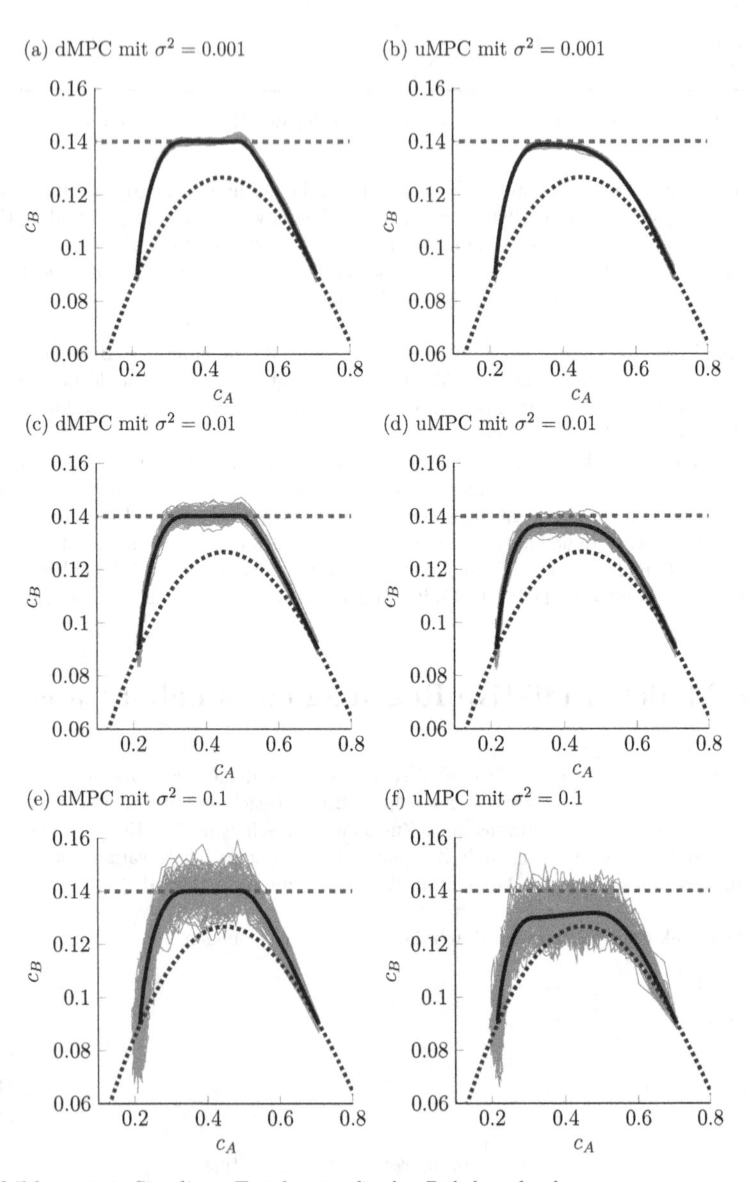

Abbildung 5.1: Simulierte Trajektorien für den Rührkesselreaktor.

Winkelgeschwindigkeit des Seils. Der Laborkran verfügt über zwei Stellgrößen, zum einen die Beschleunigung des Wagens u_1 und zum andern die Beschleunigung des Seils u_2. Die Stellgrößen unterliegen den Beschränkungen

$$u_1 \in \left[-2\frac{\mathrm{m}}{\mathrm{s}^2}, 2\frac{\mathrm{m}}{\mathrm{s}^2}\right], \quad u_2 \in \left[-2\frac{\mathrm{m}}{\mathrm{s}^2}, 2\frac{\mathrm{m}}{\mathrm{s}^2}\right]. \tag{5.11}$$

Zusätzlich werden die Beschränkungen der Wagengeschwindigkeit x_2 und der Seilgeschwindigkeit x_4

$$x_2 \in \left[-1\frac{\mathrm{m}}{\mathrm{s}}, 1\frac{\mathrm{m}}{\mathrm{s}}\right], \quad x_4 \in \left[-1\frac{\mathrm{m}}{\mathrm{s}}, 1\frac{\mathrm{m}}{\mathrm{s}}\right] \tag{5.12}$$

betrachtet. Die Aufgabe der Regelung ist ein Arbeitspunktwechsel von der Position

$$\boldsymbol{x}_0 = [-2\mathrm{m}, 0, 2\mathrm{m}, 0, 0, 0]^{\mathrm{T}}, \quad \boldsymbol{u}_0 = [0, 0]^{\mathrm{T}} \tag{5.13}$$

zur Position

$$\boldsymbol{x}_f = [2\mathrm{m}, 0, 0.4\mathrm{m}, 0, 0, 0]^{\mathrm{T}}, \quad \boldsymbol{u}_f = [0, 0]^{\mathrm{T}}. \tag{5.14}$$

Als Kostenfunktional wird die quadratische Gewichtung wie in (2.7) gewählt mit dem Zielpunkt (5.14) und den Gewichtungsmatrizen

$$\boldsymbol{P}_{\text{cost}} = \boldsymbol{Q}_{\text{cost}} = \operatorname{diag}(1, 1, 1, 1, 1, 1) \tag{5.15a}$$
$$\boldsymbol{R}_{\text{cost}} = \operatorname{diag}(0.01, 0.01). \tag{5.15b}$$

Die Simulation wird für eine Dauer von $T_{\text{sim}} = 4\mathrm{s}$ durchgeführt mit der Abtastzeit $\Delta t = 0.002\mathrm{s}$ und dem Zeithorizont $T = 1\mathrm{s}$ für die Optimierung.

Um die Unsicherheit im Systemmodell (5.10) zu betrachten, wird die Systemdynamik wie beim Rührkesselreaktor durch stochastische Differentialgleichungen

$$\mathrm{d}\boldsymbol{x} = \boldsymbol{f}(\boldsymbol{x}, \boldsymbol{u})\,\mathrm{d}t + \boldsymbol{\sigma}\,\mathrm{d}\boldsymbol{W}(t) \tag{5.16}$$

mit dem mehrdimensionalen Wiener-Prozess $\boldsymbol{W}(t)$ ersetzt. Für die Kovarianz des Systemrauschens werden die Werte

$$\boldsymbol{\Sigma} = \boldsymbol{\sigma}\boldsymbol{\sigma}^{\mathrm{T}} = \operatorname{diag}\left(\sigma^2\mathrm{m}^2, \sigma^2\frac{\mathrm{m}^2}{\mathrm{s}^2}, \sigma^2\mathrm{m}^2, \sigma^2\frac{\mathrm{m}^2}{\mathrm{s}^2}, \sigma^2, \sigma^2\right) \tag{5.17}$$

verwendet. Für die Unsicherheit der Messungen wird die Kovarianzmatrix

$$\boldsymbol{R} = \operatorname{diag}\left(r\mathrm{m}^2, r\frac{\mathrm{m}^2}{\mathrm{s}^2}, r\mathrm{m}^2, r\frac{\mathrm{m}^2}{\mathrm{s}^2}, r, r\right) \tag{5.18}$$

angenommen. Die Zustandsbeschränkungen (5.12) werden für das uMPC-Verfahren als Zufallsbeschränkungen wie in (4.58) mit Wahrscheinlichkeit $\beta = 0.95$ formuliert. Für die Approximation (4.59) wird dementsprechend das 95%-Quantil der Standardnormalverteilung $z_{0.95} = 1.6449$ verwendet. Die Berücksichtigung in der Optimierung erfolgt durch Strafterme im Kostenfunktional (4.61) mit dem Exponenten $r = 2$ und dem Gewicht $\varepsilon = 10^3$.

Ansatz	Messrauschen J_T	Messrauschen $J_{T,\varepsilon}$	Systemrauschen J_T	Systemrauschen $J_{T,\varepsilon}$	Mess- und Systemrauschen J_T	Mess- und Systemrauschen $J_{T,\varepsilon}$
dMPC	34.2997	34.2998	35.1704	35.8286	35.2113	35.4338
uMPC (ohne Filter)	34.5224	34.5224	35.7370	35.7380	35.6574	35.6574
uMPC (mit Filter)	-	-	-	-	35.5945	35.5986

Tabelle 5.2: Mittelwerte der simulierten Kosten für den Laborkran.

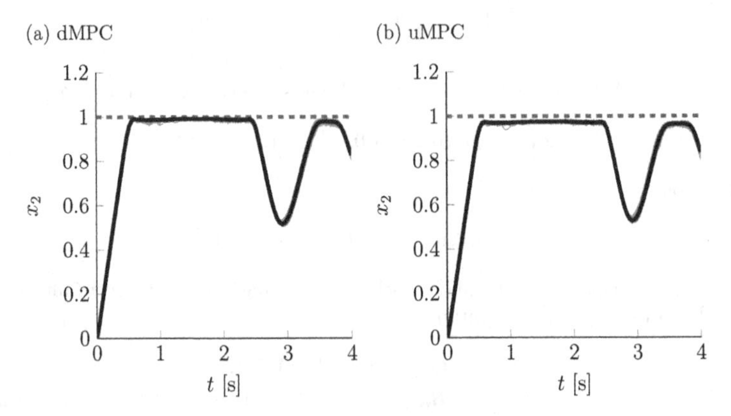

Abbildung 5.2: Simulierte Trajektorien für den Laborkran mit Messrauschen $r = 0.0001$.

Für die Simulation wurde in jedem Zeitschritt t_k der tatsächliche Systemzustand plus additivem $\mathcal{N}(0, \boldsymbol{R})$-verteiltem Rauschen als Anfangswert verwendet. Nach Lösung des Optimierungsproblems wurde der Anfang der optimalen Trajektorie $\boldsymbol{u}^*(t)$ genutzt, um das stochastische Systemmodell (5.16) bis zum nächsten Zeitschritt $t_{k+1} = t_k + \Delta t$ zu integrieren. Dieses Vorgehen wurde für jeden Simulationslauf wiederholt. Zusätzlich wurden bei den Untersuchungen mit Messrauschen Simulationen mit dem Zuständsschätzer aus Kapitel 4.5 durchgeführt.

In Tabelle 5.2 sind die Mittelwerte der berechneten Kosten aus den Simulationsläufen aufgelistet. Wie beim Rührkesselreaktor bezeichnet J_T den Wert des Kostenfunktionals (2.7) und $J_{T,\varepsilon}$ den Wert des Kostenfunktionals mit Straftermen (2.18), so dass die Differenz zwischen den beiden ein Maß für die Verletzung der Beschränkungen ist.

Die ersten Simulationsläufe wurden nur mit Messrauschen durchgeführt ($r = 0.0001$, $\sigma^2 = 0$). Die zugehörigen Trajektorien der Wagengeschwindigkeit x_2 sind in Abbildung 5.2 dargestellt. Der Vergleich zwischen dMPC und uMPC zeigt, dass der Unscented-Ansatz eine Lösung mit höheren Kosten generiert, weil die Lösung die Beschränkungen nicht voll ausnutzt. Angesichts der niedrigen Kovarianz des Messrauschens schlagen sich die verletzten Beschränkungen jedoch kaum in den Gesamtkosten $J_{T,\varepsilon}$ nieder.

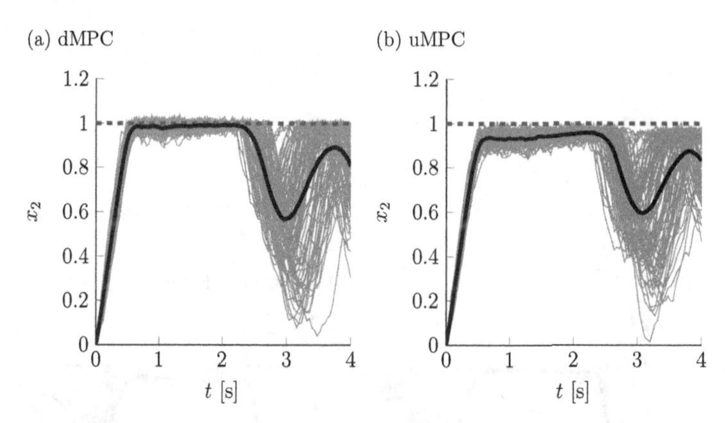

Abbildung 5.3: Simulierte Trajektorien für den Laborkran mit Systemrauschen $\sigma^2 = 0.01$.

Die zweiten Simulationsläufe wurden nur mit Systemrauschen ($r = 0$, $\sigma^2 = 0.01$) durchgeführt. Durch die Unsicherheit im Systemmodell weichen die Trajektorien nun erheblich vom deterministischen Modell ab. Die Kosten des uMPC-Verfahrens sind erneut höher als im deterministischen Fall, aber im Gegenzug werden die Beschränkungen zuverlässig eingehalten.

Für die dritten Simulationsläufe wurde Unsicherheit in den Messungen und im Systemmodell betrachtet ($r = 0.0001$, $\sigma^2 = 0.01$). Die Ergebnisse entsprechen prinzipiell denen der ersten beiden Simulationsläufe. Der deterministische Ansatz hat die niedrigsten Kosten, aber verletzt dafür die Beschränkungen. Der Unscented-Ansatz generiert dagegen eine Lösung mit hohen Kosten, die die Beschränkungen auch bei Unsicherheit einhält. Durch den Einsatz eines Zustandsschätzers kann die Kovarianz der Anfangsbedingung reduziert werden, so dass eine Lösung mit niedrigen Kosten gefunden wird, die trotzdem noch genug Abstand zu den Beschränkungen einhält, um sie nicht dauerhaft zu verletzen. Die Auswirkungen sind auch in den Trajektorien der Wagengeschwindigkeit x_2 in Abbildung 5.4 gut zu erkennen.

Das uMPC-Verfahren benötigt für die Berechnung der Steuerung $\bar{\boldsymbol{u}}(\tau)$ pro Abtastschritt 16 Millisekunden. Zur Lösung des Optimierungsproblems werden dabei nur 2 Schritte des Gradientenverfahrens mit 40 Stützstellen für die Integration ausgeführt. Damit liegt die Rechenzeit über der Abtastzeit von $\Delta t = 2$ Millisekunden. Deshalb wurden weitere Simulationsläufe mit einer Abtastzeit von $\Delta t = 20$ Millisekunden und ansonsten gleichen Bedingungen durchgeführt. Die mittleren Kosten aus 100 Simulationsläufen mit Mess- und Systemrauschen für den Unscented-Ansatz mit Zustandsschätzer liegen bei $J_T = 37.47$. Die Kosten mit Beschränkungen $J_{T,\varepsilon} = 37.48$ liegen nur wenig höher. Die Trajektorien in Abbildung 5.4d zeigen, dass die gefundene Lösung die Beschränkungen weitgehend einhält. Folglich kann das uMPC-Verfahren auch bei der Abtastzeit von $\Delta t = 20$ Millisekunden eingesetzt werden, wenn man die höheren Kosten der Lösung in Kauf nimmt.

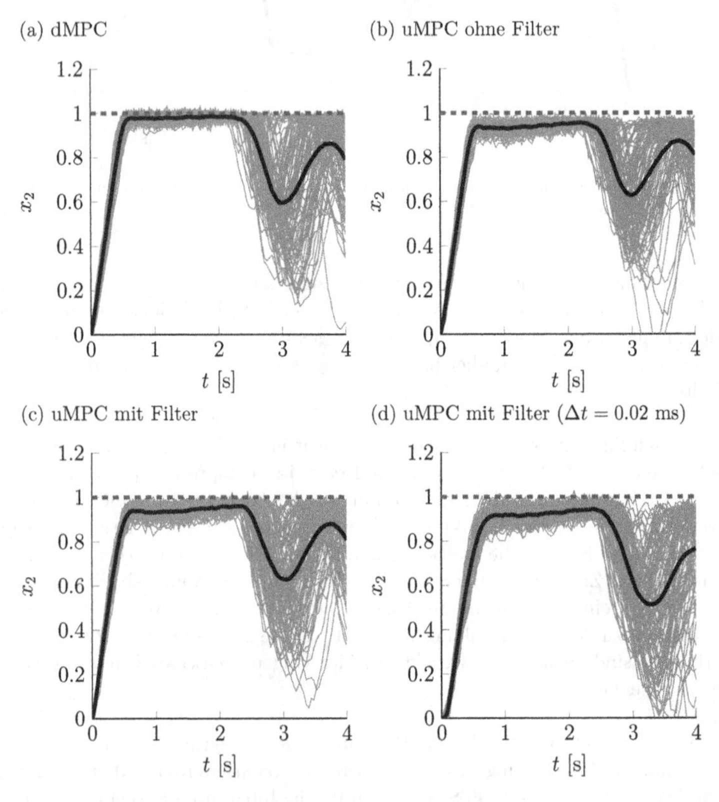

Abbildung 5.4: Simulierte Trajektorien für den Laborkran mit Mess- und Systemrauschen.

r	n	n^2	T_1 [ms]	T_2 [ms]	T_3 [ms]	T_4 [ms]	T_Σ [ms]
1	2	4	0.01	0.13	0.02	0.05	0.43
2	4	16	0.04	1.00	0.04	0.12	1.62
3	6	36	0.09	5.09	0.07	0.29	5.92
4	8	64	0.21	18.72	0.15	0.59	20.12
5	10	100	0.27	51.81	0.30	0.99	64.79

Tabelle 5.3: Rechenaufwand pro Iteration des Gradientenverfahrens für die gekoppelten Feder-Masse-Dämpfer.

5.3 Untersuchung des Rechenaufwandes für ein skalierbares Problem

Der entscheidende Faktor für die Einsetzbarkeit eines stochastischem MPC-Verfahrens ist der benötigte Rechenaufwand, insbesondere für Systeme mit vielen Zuständen. Um den Rechenaufwand und die Skalierbarkeit des uMPC-Verfahrens zu untersuchen, wird ein System aus gekoppelten Feder-Masse-Dämpfern betrachtet [KGU14]. Das System besteht aus r Massen m, die mit Federn und Dämpfern mit den Konstanten c und d gekoppelt sind. Die Anzahl r ist flexibel wählbar, so dass der Rechenaufwand in Abhängigkeit der Systemordnung bestimmt werden kann.

Das System ist linear und rekursiv durch

$$\ddot{y}_1 = \frac{c}{m}(-2y_1 + y_2) + \frac{d}{m}(-2\dot{y}_1 + \dot{y}_2) + \frac{1}{m}F_1 \tag{5.19}$$

$$\ddot{y}_2 = \frac{c}{m}(y_1 - 2y_2 + y_3) + \frac{d}{m}(\dot{y}_1 - 2\dot{y}_2 + \dot{y}_3) \tag{5.20}$$

$$\ddot{y}_{r-1} = \frac{c}{m}(y_{r-2} - 2y_{r-1} + y_r) + \frac{d}{m}(\dot{y}_{r-2} - 2\dot{y}_{r-1} + \dot{y}_r) \tag{5.21}$$

$$\ddot{y}_r = \frac{c}{m}(y_{r-1} - 2y_r) + \frac{d}{m}(\dot{y}_{r-1} - 2\dot{y}_r) - \frac{1}{m}F_2 \tag{5.22}$$

definiert. Die Zustände $\boldsymbol{x} = [y_1, \ldots, y_r, \dot{y}_1, \ldots, \dot{y}_r] \in \mathbb{R}^{2r}$ bezeichnen die Positionen und die Geschwindigkeiten der Massen. Die Stellgrößen $\boldsymbol{u} = [F_1, F_2]$ sind Kräfte, die auf die erste und die letzte Masse wirken. Als Parameter werden $m = 1\text{kg}, c = 1\frac{\text{kg}}{s^2}$ und $d = 0.2\frac{\text{kg}}{\text{s}}$ verwendet. Für die modellprädiktive Regelung werden das Kostenfunktional und die Parameter aus [KGU14, S. 35] verwendet. Die Integration innerhalb der Optimierung wird mit einem Verfahren mit fester Schrittweite durchgeführt, so dass der Rechenaufwand in jedem Schritt konstant ist.

Der Rechenaufwand mit dem Unscented-Ansatz ist für eine bis fünf Massen in Tabelle 5.3 aufgelistet. Aus der Anzahl der Massen r folgt die Anzahl der Zustände für den Mittelwert $n = 2r$ und die Anzahl der Zustände für die Kovarianzmatrix n^2. Gemessen wurde die Zeit für die Vorwärtsintegration des Systems T_1, die Zeit für die Rückwärtsintegration des adjungierten Systems T_2, die Zeit für die Berechnung des Gradienten T_3 und die Zeit für die approximative Liniensuche T_4. Die Zeiten T_1 bis T_4 wurden direkt in der C-Implementierung mit der Funktion `clock` gemessen. Die Gesamtzeit T_Σ wurde auf MATLAB-Seite mit `tic`

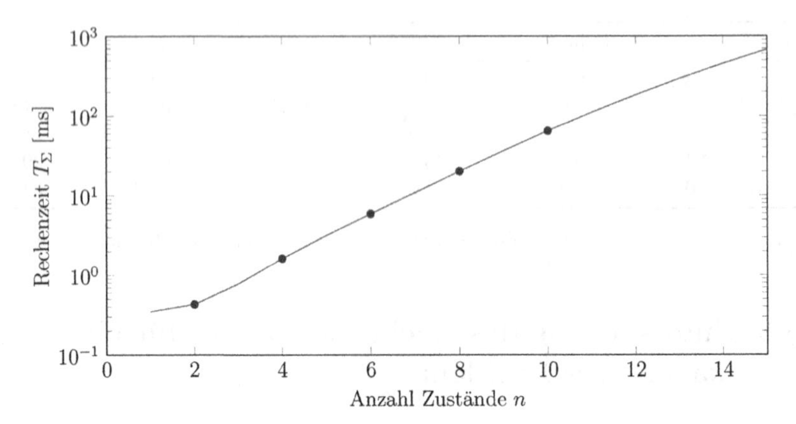

Abbildung 5.5: Geschätzte Rechenzeit T_Σ pro Iteration des Gradientenverfahrens in Abhängigkeit der Dimension n.

und `toc` gemessen. Die Rechenzeiten wurden für die komplette Simulationsdauer $T_{\text{sim}} = 10\text{s}$ summiert und dann in die Zeit pro Iteration des Gradientenverfahrens umgerechnet. Damit sind die Zeiten unabhängig von der Abtastzeit Δt und der Anzahl der Iterationen pro Abtastschritt.

Bei Betrachtung der Rechenzeiten fällt sofort auf, dass die Zeit für die Integration des adjungierten Systems T_2 schnell ansteigt und den größten Anteil an der Gesamtzeit T_Σ ausmacht. Bei der Ableitung der Cholesky-Zerlegung in Kapitel 4.3.2 wurde bereits erwähnt, dass der Rechenaufwand in der Größenordnung $\mathcal{O}(n^5)$ liegt. Neben der Cholesky-Zerlegung fällt auch für die Berechnung von (4.43) ein Aufwand von $\mathcal{O}(n^5)$ an, da die Ableitung $\frac{\partial \boldsymbol{P}_{xy}}{\partial P_{kl}}$ für n^2 Kovarianzeinträge berechnet werden muss und jeweils für $2n+1$ Sigmapunkte ein äußeres Produkt mit Aufwand $O(n^2)$ berechnet werden muss. Um den Rechenaufwand auch für höhere Systemdimensionen n abzuschätzen, wurden die Gesamtzeiten T_Σ durch ein Polynom 5. Ordnung

$$T_\Sigma(n) = 0.0024\,n^5 - 0.0372\,n^4 + 0.2516\,n^3 - 0.6651\,n^2 + 0.7970\,n \tag{5.23}$$

interpoliert. Das Polynom ist in Abbildung 5.5 für den Bereich von $n = 1$ bis $n = 15$ dargestellt.

Der Rechenaufwand für das adjungierte System kann nur bedingt reduziert werden. Etwa die Hälfte der Ableitungen nach der Kovarianz müssen nicht explizit berechnet werden, weil die Cholesky-Zerlegung eine Dreiecksmatrix ergibt und damit die Ableitungen nach dem anderen Dreieck alle 0 ergeben. Der Rechenaufwand bleibt aber in $\mathcal{O}(n^5)$. Eine andere Option wäre parallel mit bis zu n^2 Threads die Ableitungen in jeweils $\mathcal{O}(n^3)$ zu berechnen. Hier besteht allerdings die Gefahr, dass der Aufwand für die Threadverwaltung höher ist als der dadurch erzielte Zeitgewinn.

Durch den Rechenaufwand von $\mathcal{O}(n^5)$ ist das uMPC-Verfahren für Systeme mit vielen Zuständen, wie sie beispielsweise bei der Diskretisierung von partiellen Differentialgleichungen entstehen, nicht einsetzbar. Dagegen ist ein Einsatz bei kleinen Systemen durchaus vorstellbar, denn in [GK12] wurde gezeigt, dass das Gradientenverfahren bereits mit sehr wenigen Iterationen pro Abtastschritt verwendet werden kann und eine Rechenzeit von 100 Millisekunden pro Gradientenschritt damit kein Hindernis sein muss.

6 Zusammenfassung

In dieser Arbeit wurden Möglichkeiten untersucht, um Unsicherheiten im Entwurf modellprädiktiver Regler für nichtlineare Systeme zu berücksichtigen. Neben dem Überblick über bestehende Ansätze aus der Literatur wurde ein neues Verfahren auf Grundlage der Unscented-Transformation erarbeitet. Der Ansatz unterscheidet sich von den bestehenden dadurch, dass er auf der zeitkontinuierlichen Systemdarstellung basiert. Des Weiteren kann das dynamische Optimierungsproblem für den Unscented-Ansatz mit einem suboptimalen Gradientenverfahren gelöst werden und erlaubt damit eine effiziente Implementierung. Die bestehende Software `GRAMPC` wurde um das Verfahren erweitert, so dass direkte Vergleiche mit der deterministischen modellprädiktiven Regelung möglich sind.

Bei der Evaluation anhand von einem Rührkesselreaktor und einem Laborkran wurde gezeigt, dass die Zustandsbeschränkungen mit dem Unscented-Ansatz auch in Gegenwart von stochastischen Unsicherheiten sicher eingehalten werden können. Bei hohem Messrauschen hat sich der zusätzliche Einsatz eines Zustandsschätzers bewährt. Wenn die beiden Systeme ohne Beschränkungen betrachtet werden, dann kann der stochastische Ansatz keine nennenswerte Verbesserung der Kosten erzielen.

Darüber hinaus wurde der Rechenaufwand des Unscented-Ansatzes für ein skalierbares System aus Feder-Masse-Dämpfern untersucht. Dabei wurde gezeigt, dass die Gesamtzeit für ein System mit n Differentialgleichungen in der Größenordnung $\mathcal{O}(n^5)$ liegt. Die Laufzeit ist zwar polynomiell, aber für große Systeme, wie sie z. B. bei der Diskretisierung von partiellen Differentialgleichungen entstehen, ist der Ansatz damit nicht einsetzbar.

Ein Problem ist während den Tests an verschiedenen Systemen wiederholt aufgetreten. Für die Cholesky-Zerlegung muss die Kovarianzmatrix stets positiv definit sein. In mehreren Fällen ist die Matrix im Lauf der Integration jedoch indefinit geworden, so dass das Verfahren abgebrochen werden musste. Als Gegenmaßnahme kann ein genaueres Integrationsverfahren, wie z. B. Runge-Kutta-Verfahren, eingesetzt oder die Anzahl der Stützstellen erhöht werden. Wenn das Problem entsteht, sobald die Kovarianz gegen Null geht, dann kann die Systemunsicherheit absichtlich erhöht werden, so dass die Einträge auf der Diagonalen die positive Definitheit gewährleisten. Bei instabilen Systemen, bei denen die Kovarianz unbeschränkt wächst, kann das Problem als Hinweis verstanden werden, dass der Zeithorizont zu lange ist. Da die Prädiktion in diesem Fall unzuverlässig ist, sollte besser ein kurzer Horizont gewählt werden.

Weitere Möglichkeiten für Untersuchungen bieten sich vor allem beim Vergleich des Unscented-Verfahrens mit anderen Ansätzen aus der Literatur und bei der Evaluation von weiteren Systemen. Hier scheint es bisher kein etabliertes Benchmark-Beispiel für die Regelung mit Unsicherheiten zu geben. Schließlich ist die Erprobung an einem Versuchsaufbau, bei dem Unsicherheiten ein reales Problem darstellen, von besonderem Interesse.

Literaturverzeichnis

[AB13] Annunziato, M. und Borzi, A.: *A Fokker-Planck control framework for multidimensional stochastic processes.* In: *Journal of Computational and Applied Mathematics*, Band 237, Nr. 1, Seiten 487–507, 2013.

[BH75] Bryson, A.E. und Ho, Y.-C.: *Applied Optimal Control.* John Wiley & Sons, New York, 1975.

[Bla06] Blackmore, L.: *A probabilistic particle control approach to optimal, robust predictive control.* In: *Proc. of the AIAA Guidance, Navigation and Control Conference*, 2006.

[BOBW10] Blackmore, L.; Ono, M.; Bektassov, A. und Williams, B.C.: *A probabilistic particle-control approximation of chance-constrained stochastic predictive control.* In: *IEEE Transactions on Robotics*, Band 26, Nr. 3, Seiten 502–517, 2010.

[Bro07] Brockett, R.: *Optimal control of the Liouville equation.* In: *AMS/IP Studies in Advanced Mathematics*, Band 39, Seite 23, 2007.

[Bro12] Brockett, R.: *Notes on the control of the Liouville equation.* In: *Control of Partial Differential Equations*, Seiten 101–129, Springer, 2012.

[BW07] Blackmore, L. und Williams, B.C.: *Optimal, robust predictive control of nonlinear systems under probabilistic uncertainty using particles.* In: *Proc. of the American Control Conference (ACC)*, Seiten 1759–1761, 2007.

[CE06] Calafiore, G.C. und El Ghaoui, L.: *On distributionally robust chance-constrained linear programs.* In: *Journal of Optimization Theory and Applications*, Band 130, Nr. 1, Seiten 1–22, 2006.

[CS+08] Carlier, G.; Salomon, J. u. a.: *A monotonic algorithm for the optimal control of the Fokker-Planck equation.* In: *Proc. of the 47th IEEE Conference on Decision and Control (CDC)*, 2008.

[Die12] Dietmayer, K.: *Filter- und Trackingverfahren.* Skript am Institut für Mess-, Regel- und Mikrotechnik, Universität Ulm. 2012.

[FK12a] Fagiano, L. und Khammash, M.: *Nonlinear stochastic model predictive control via regularized polynomial chaos expansions.* In: *Proc. of the 51st Annual Conference on Decision and Control (CDC)*, Seiten 142–147, 2012.

[FK12b] Fagiano, L. und Khammash, M.: *Simulation of stochastic systems via polynomial chaos expansions and convex optimization.* In: *Physical Review E*, Band 86, Nr. 3, Seite 036702, 2012.

[FN12] Farrokhsiar, M. und Najjaran, H.: *An unscented model predictive control approach to the formation control of nonholonomic mobile robots.* In: *Proc. of the International Conference on Robotics and Automation (ICRA)*, Seiten 1576–1582, 2012.

[GEK10] Graichen, K.; Egretzberger, M. und Kugi, A.: *Ein suboptimaler Ansatz zur schnellen modellprädiktiven Regelung nichtlinearer Systeme.* In: *Automatisierungstechnik*, Band 58, Nr. 8, Seiten 447–456, 2010.

[GHZ04] Graichen, K.; Hagenmeyer, V. und Zeitz, M.: *Van de Vusse CSTR as a benchmark problem for nonlinear feedforward control design techniques.* In: *Proc. 6th IFAC Symposium „Nonlinear Control Systems" (NOLCOS)*, Seiten 1123–1128, 2004.

[GK12] Graichen, K. und Käpernick, B.: *A real-time gradient method for nonlinear model predictive control.* In: *Frontiers of Model Predictive Control*, Seiten 9–28, 2012.

[Gra13] Graichen, K.: *Methoden der Optimierung und optimalen Steuerung.* Skript am Institut für Mess-, Regel- und Mikrotechnik, Universität Ulm. 2013.

[Grü07] Grüne, L.: *Stochastische Dynamische Optimierung.* Skript am Mathematischen Institut, Universität Bayreuth. 2007.

[Grü08] Grüne, L.: *Modellierung mit Differentialgleichungen.* Skript am Mathematischen Institut, Universität Bayreuth. 2008.

[JU97] Julier, S.J. und Uhlmann, J.K.: *A new extension of the Kalman filter to nonlinear systems.* In: *Proc. of the Int. Symp. on Aerospace/Defense Sensing, Simulations and Controls.* Band 3, Seiten 3–2, 1997.

[Jul02] Julier, S.J.: *The scaled unscented transformation.* In: *Proc. of the American Control Conference (ACC).* Band 6, Seiten 4555–4559, 2002.

[Kap05a] Kappen, H.J.: *Linear theory for control of nonlinear stochastic systems.* In: *Physical Review Letters*, Band 95, Nr. 20, Seite 200201, 2005.

[Kap05b] Kappen, H.J.: *Path integrals and symmetry breaking for optimal control theory.* In: *Journal of statistical mechanics: theory and experiment*, Band 2005, Nr. 11, P11011, 2005.

[KG13] Käpernick, B. und Graichen, K.: *Model predictive control of an overhead crane using constraint substitution.* In: *Proc. of the American Control Conference (ACC)*, Seiten 3973–3978, 2013.

[KG14] Käpernick, B. und Graichen, K.: *The gradient based nonlinear model predictive control software GRAMPC.* In: *Proc. of the European Control Conference (ECC)*, Seiten 1170–1175. IEEE, 2014.

[KGU14] Käpernick, B.; Graichen, K. und Utz, T.: *GRAMPC Dokumentation.* `http://www.uni-ulm.de/in/mrm/forschung/regelung-und-optimierung/grampc.html`. 2014.

[KP92] Kloeden, P.E. und Platen, E.: *Numerical solution of stochastic differential equations.* Band 23. Springer, 1992.

[Kun12] Kunze, M.: *Stochastic Differential Equations.* Skript an der Universität Ulm. 2012.

[MRRS00] Mayne, D.Q.; Rawlings, J.B.; Rao, C.V. und Scokaert, P.O.M.: *Constrained model predictive control: Stability and optimality.* In: *Automatica*, Band 36, Nr. 6, Seiten 789–814, 2000.

[MSFB14] Mesbah, A.; Streif, S.; Findeisen, R. und Braatz, R.D.: *Stochastic nonlinear model predictive control with probabilistic constraints.* In: *Proc. of the American Control Conference (ACC)*, 2014.

[PM11] Palmer, A. und Milutinovic, D.: *A hamiltonian approach using partial differential equations for open-loop stochastic optimal control.* In: *Proc. of the American Control Conference (ACC)*, Seiten 2056–2061, 2011.

[POD02] Perez, H.; Ogunnaike, B. und Devasia, S.: *Output tracking between operating points for nonlinear processes: Van de Vusse example.* In: *IEEE Transactions on Control Systems Technology*, Band 10, Nr. 4, Seiten 611–617, 2002.

[PP12] Petersen, K.B. und Pedersen, M.S.: *The Matrix Cookbook.* `http://www2.imm.dtu.dk/pubdb/p.php?3274`. 2012.

[Pre07] Press, W.H.: *Numerical Recipes: The Art of Scientific Computing (Third Edition).* Cambridge University Press, 2007.

[RD04] Rico-Ramirez, V. und Diwekar, U.M.: *Stochastic maximum principle for optimal control under uncertainty.* In: *Computers & Chemical Engineering*, Band 28, Nr. 12, Seiten 2845–2849, 2004.

[RNGD10] Rico-Ramirez, V.; Napoles-Rivera, F.; González-Alatorre, G. und Diwekar, U.M.: *Stochastic optimal control for the treatment of a pathogenic disease.* In: *Computer Aided Chemical Engineering*, Band 28, Seiten 217–222, 2010.

[Sar07] Sarkka, S.: *On unscented Kalman filtering for state estimation of continuous-time nonlinear systems.* In: *IEEE Transactions on Automatic Control*, Band 52, Nr. 9, Seiten 1631–1641, 2007.

[Sin06] Singer, H.: *Continuous-Discrete Unscented Kalman Filtering.* `http://www.fernuni-hagen.de/ls_statistik/publikationen/ukf_2005.shtml`. 2006.

[Spo10] Spodarev, E.: *Stochastik II.* Skript an der Universität Ulm. 2010.

[Van04] Van der Merwe, R.: *Sigma-point Kalman filters for probabilistic inference in dynamic state-space models.* Dissertation, Oregon Health & Science University, 2004.

[VB02] Van Hessem, D.H. und Bosgra, O.H.: *A conic reformulation of model predictive control including bounded and stochastic disturbances under state and input constraints.* In: *Proc. of the 41st Conference on Decision and Control (CDC).* Band 4, Seiten 4643–4648, 2002.

[Wei09] Weißel, F.: *Stochastische modellprädiktive Regelung nichtlinearer Systeme.* Aus der Reihe *Karlsruhe Series on Intelligent Sensor-Actuator-Systems.* Dissertation. Universitätsverlag Karlsruhe, 2009.

[WV00] Wan, E.A. und Van Der Merwe, R.: *The unscented Kalman filter for nonlinear estimation.* In: *Proc. of the Adaptive Systems for Signal Processing, Communications and Control Symposium (AS-SPCC)*, Seiten 153–158, 2000.

[XK02] Xiu, D. und Karniadakis, G.E.: *The Wiener-Askey polynomial chaos for stochastic differential equations.* In: *SIAM Journal on Scientific Computing*, Band 24, Nr. 2, Seiten 619–644, 2002.

[YB05] Yan, J. und Bitmead, R.R.: *Incorporating state estimation into model predictive control and its application to network traffic control.* In: *Automatica*, Band 41, Nr. 4, Seiten 595–604, 2005.

Printed in the United States
By Bookmasters